智能康复时代

外骨骼机器人技术、应用与前景

赖 卿 / 著

中国社会出版社
国家一级出版社 · 全国百佳图书出版单位

图书在版编目（CIP）数据

智能康复时代外骨骼机器人的技术、应用与前景 / 赖卿著. -- 北京 : 中国社会出版社, 2024. 8（2025. 10 重印）

ISBN 978-7-5087-7077-2

Ⅰ. R496

中国国家版本馆 CIP 数据核字第 2024ZF1505 号

智能康复时代：外骨骼机器人的技术、应用与前景

出 版 人：程　伟
终 审 人：陆　强
责任编辑：卢光花
装帧设计：时　捷
出版发行：中国社会出版社
（北京市西城区二龙路甲 33 号　邮编 100032）
印刷装订：北京九州迅驰传媒文化有限公司
版　　次：2024 年 8 月第 1 版
印　　次：2025 年 10 月第 3 次印刷
开　　本：160mm × 230mm　1/16
字　　数：165 千字
印　　张：14.5
定　　价：68.00 元

客服热线：（010）58124852　投稿热线：（010）58124812　盗版举报：（010）58124808

购书热线：（010）58124841；58124842；58124845；58124848；58124849

前　言

在我读书成长的路上，有位姐姐与我朝夕相伴多年。从我记事起，她就只能摇摇晃晃跟在我身后，费很大的气力才能把想说的意思表达出来。她也曾有炽热的梦想，希望能够走出家乡、独立生活，看一看外面的世界。然而，这注定是难以实现的，运动、出行能力成为她无法跨越的门槛。她与社会上的脑瘫同伴以及其他肢体残障人士一样，如同社会上的隐形人，被迫长期待在家中，在极小的生活圈子里转悠。

数据显示，我国目前有8500多万名残障人士，他们无法像正常人一样自由地奔跑在广阔的田野上，他们可能无法用双手去触摸这个世界的细节，也可能无法用语言来表达内心的情感。他们或许从出生的那一刻起就与众不同，或许在生命的旅途中遭遇了不幸，但无论如何，他们都有共同的渴望——被理解、被尊重，过正常人的生活。

从事残疾人康复辅助器具的教学和研究工作十余年来，我一直关注能够提升残障人群运动、出行能力的康复辅助器具，包括自助具、护具、矫形器、助行器、轮椅车和康复治疗设备等。外骨骼机器人是让我觉得最有可能掀起残障人群出行革命的科技成果，它的出现和发展，能够改变残障人群的生活方式，提升其生存质量，让他们有机会突破身体桎梏，融入社会的正常生活。

本书的编写，旨在深入探讨外骨骼机器人这一领域的最新研究成果，为读者提供一个全面了解外骨骼机器人在残疾康复领域应用的窗口。在概述介绍和康复原理方面，本书介绍了外骨骼机器人的概念形成发展过程，首次系统性地分析了学界对产品界定分类现状、结构功能的技术和临床应用研究，以及形成的专家共识。在技术发展和产品需求方面，描绘了当下的外骨骼机器人控制技术、控制策略、技术水平，展望了外骨骼机器人技术的未来发展趋势，提炼出残疾康复人群的特征特点及需求，也分析了临床的使用特点和居家消费状况。在市场状况与产业政策方面，本书系统整理了国内机器人三个核心领域的政策和多个服务领域的福利制度，并在技术发展、融资状况、专利申报、产品销售等方面分析了产业的现状，还针对国内的产业发展提出了有共性的挑战问题和解决思路。

本书的顺利完成，离不开单位同事及众多专业人士的鼎力相助，他们慷慨提供了丰富又宝贵的素材与灵感。

首先，感谢民政职业大学，正是其提供的民政部重点实验室课题（项目编号 JBKYZDSYS2023-2、JBKYZDSYS2022-2）支持，让我在外骨骼康复机器人领域得以深入开展文献研究与实地调研，多地走访，洞悉行业焦点，萌发了撰写本书的想法。特别感谢康复工程学院李高峰、周大伟、蔡红波、曹萍、张晓龙等老师，以及科研管理处的肖天骄、任曦昱、尹娟，《社会福利》杂志社的陈洪涛等老师的指导与帮助。同时，国家康复辅具研究中心的方新、兰陟、单新颖、张小雪、季润等老师也在我撰写本书过程中给予了宝贵的学术交流与社会调研支持。

此外，北京大艾机器人科技有限公司在校企合作、学生实习就业及科研上的支持不可忽视，帅梅女士关于外骨骼机器人行业趋势的分享尤为珍贵。北京加禾智能科技有限公司则为我提供了深入一线参与技术研发、市场需求论证的机会，让我亲身体验了外骨骼设计的前沿理念及设备制造和生产工艺磨合进步的全过程，并有机会为多位患者适配家用机器人。同时，向积极参与配合社会调研并提供资料支持的深圳市迈步机器人科技有限公司、上海傅利叶智能科技有限公司、上海司羿智能科技有限公司、安杰莱科技（杭州）有限公司、远也科技（苏州）有限公司等企业表示由衷的感谢。

特别鸣谢我的先生夏文磊，他以横跨临床康复、工程、管理的多学科背景，在智能康复辅助器具市场近十年的丰富经验，为本书注入了深刻的见解。

鉴于个人学识与认知的局限，加之智能科技领域的日新月异，书中观点与资料或有未尽之处，恳请广大读者不吝赐教，批评指正。我衷心希望本书能够为读者构建一个立体、多维的残疾人康复设备知识框架，既为专业人士提供有价值的参考，又激发公众对这一领域的关注与理解。

民政职业大学
赖　卿
2024 年夏，北京

目　录

第一章　外骨骼机器人概述

第一节　外骨骼机器人：革命性的康复辅助技术

对于伤残康复辅助器具领域而言，外骨骼机器人的出现无疑是一次革命性的技术变革。它突破了传统康复辅助器具仅提供保护、支撑、固定、往复运动等简单功能的局限，为肢体运动障碍患者带来了康复训练、功能代偿、辅助运动和增强运动等更多可能性。这为那些因疾病、意外事故或其他原因导致运动功能障碍的患者提供了新的康复途径和希望。

外骨骼机器人是一种创新的智能机械结构，实现了人机互动结合，它穿戴在使用者的身体外部，能够将人体的感知、思维和运动功能与机器的感知系统、智能处理中心和控制执行系统紧密地结合在一起。通过这种结合，外骨骼机器人能够显著改善人体的物理运动机能。同时，外骨骼机器人的研发基于仿生原理、人体工程学设计和信息控制技术等基础领域技术，并融合了生物运动学、机器人学、信息科学和人工智能等多个学科的知识，使其在适配性能上，将类智能控制方式与外部机械动力装置结合，在应用中为使用者提供力量辅助，进而增强使用者行走、运动和重物负荷等能力。这不仅可以为力量不足的使用者提供医疗康复和运动支撑等功能，还能协助他们提升肌肉能力和减轻运动负荷负载。

本节将深入探讨外骨骼机器人的概念、技术原理、应用领域以及对伤残患者康复服务的深远影响。通过对外骨骼机器人的全面分析，我们期望能够为这一领域的未来发展提供有益的见解和指导。

一、外骨骼机器人的概念

国内多数外骨骼领域研究的学者，在阐述外骨骼的定义时，倾向于其生物学含义来源，即“外骨骼”一词通常用来描述昆虫、甲壳类动物和某些其他节肢动物身体外部的硬壳或甲壳，这些硬壳为动物提供了保护和支持。这些动物的内部骨骼被外部硬化的甲壳替代或增强，从而形成了它们独特的外骨骼结构。当这个词被引入机器人技术和工程领域时，它指的是一种可穿戴的、能够增强人体机能或提供辅助支持的机械结构。与生物学中的外骨骼类似，这些机器人外骨骼也是设计用来包围、支持和增强用户的身体，通过机械力量帮助用户完成更强大或更精确的动作。

因此，被定义为医疗和伤残患者康复使用的外骨骼机器人的设备通常具备如下几种核心特征。

第一，可穿戴性。这类外骨骼康复机器人被设计为可直接穿戴在患者身体上的设备，为患者提供即时的运动辅助与支持，它们能够实现多关节、多部位的运动协同。

第二，独特的仿人机械构造。外骨骼机器人由关节、骨骼和框架等部分组成，这些结构仿照了人体的骨骼系统，且在运动中符合人体生物力学设计，模拟了关节转动中心及运动中生物力线的科学变动，可有效地实现对人体运动的辅助与增强。

第三，外骨骼机器人需要具备必要的机器人控制单元。如电动机、传感器和控制芯片等，它们能够感知患者的动作意图，提供必要的力量辅助，并实时反馈运动状态，参与人机协同运动。

第四，这些设备需要构建不同于工业系统的算法。该系统能够根据患者的运动意图和身体状态进行智能调节，或根据康复的一般规律和理论预测，提供个性化、精准的康复支持，帮助患者更有效地恢复运动功能。

当下，主流的外骨骼机器人普遍呈现如下基础形态和要素（图1-1）：外骨骼的机械构型与人类外表形态贴合，仿照人体的骨骼形态和脊柱状态，呈现足部、小腿、大腿、脊柱、上臂、前臂、手部等不同部件，中间通过关节与运动机构连接，用绑带将患者与运动机构连为一体，成为“穿戴于体表”的机器人。外骨骼机器人实现了类似于人体下肢骨骼的支撑功能、大关节可控屈伸活动自由度以及模拟普通人步态行走控制能力，并基于正常人行走的生物力学特征，引导下肢运动功能障碍患者完成行走功能和日常生活自理行为，促进康复训练，在特定情形下也可以代偿失去的功能，实现坐、站、行走、上下楼梯等日常活动，提升生活自理能力。鉴于外骨骼机器人与人体结合紧密，多数国内外机构开发的外骨骼系统具有占地面积小、移动方便、体积小巧、可多场景使用训练的特性。

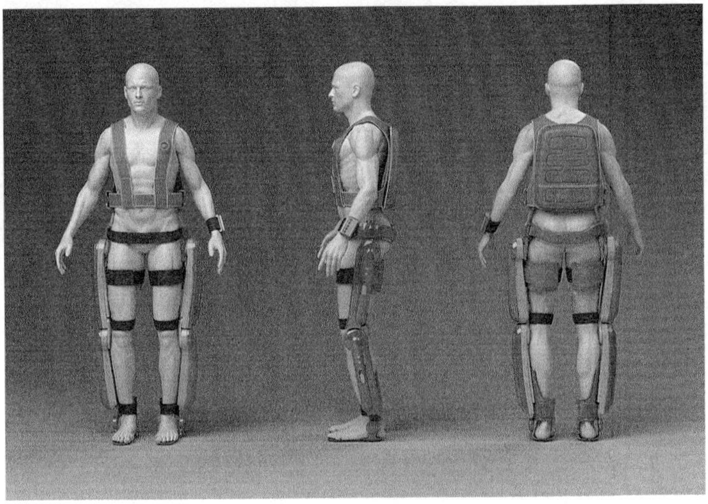

图 1-1 外骨骼机器人结构及穿戴示意

相较于传统机械和规则控制程序类的康复训练模式，外骨骼康复机器人是医学与机器人技术的结晶。它通过集成传感器、控制系统、信息处理和移动计算等技术，构建了一个仿人类直立行走的自动化训练平台。这一系统能够适应不同运动障碍患者的个性化需求，无论他们的损伤程度、康复阶段、年龄或身体特征如何，都能为他们提供精准、恰当的通用行走辅助，使患者在医院或家中均能进行科学而有效的康复训练，运动机能得到更好更快的恢复，异常行走姿态得到纠正，力量、耐力和速度等多项运动功能指标得到大幅改善。当前，外骨骼机器人在评估和提升下肢运动功能障碍患者的肌肉灵活性、行走控制能力方面展现出巨大的潜力，已成为康复医学领域的研究热点。它的应用不仅推动了康复医学的进步，还为相关领域的技术和理论创新提供了强大的动力。随着技术的不断发展和完善，我们有理由相信，它将在未来的康复医学中发挥更加重要的作用，为更多患者带来希望和康复的曙光（图 1-2）。

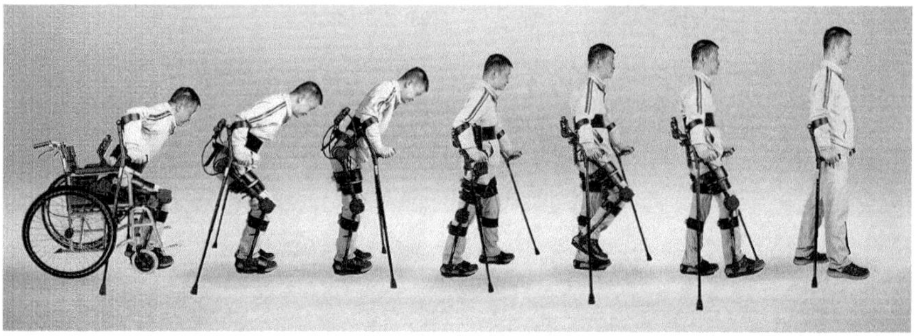

图 1-2　患者穿戴外骨骼机器人康复过程

二、外骨骼机器人的发展历史

从外骨骼机器人目前落地应用上看，主要集中在三个典型的人体穿戴领域。其一，将其视为身体的扩展式“人工器官”，加强个体的“超级力量”输出，在搬运、劳作行业和军事作战中的应用较为成熟；其二，将其融入生活消费级别的运动协同领域，以防护损伤、增强运动能力、减少体力消耗为主，在登山等运动辅助领域比较常见；其三，将其用于伤残康复领域，帮助运动功能障碍患者做步态康复训练，使其身体机能得到恢复，在床旁康复、早期康复、居家康复服务领域比较常见。

目前，伤残康复领域的外骨骼机器人是最具刚需属性、相对发展成熟且最具市场潜力的。外骨骼机器人的出现，标志着科技与医学的深度融合。在过去的几十年里，人们对于提高生活质量、促进康复的需求不断增长，客观推动了外骨骼机器人技术的发展。整体而言，外骨骼机器人从早期的概念萌芽到技术突破和规模化应用的过程经历了多个阶段，现将其历史发展脉络梳理如下。

（一）早期探索与试验阶段

1890 年，俄罗斯人尼古拉斯·亚根发明了一种使用压缩空气包作为动力的类外骨骼系统。这一系统虽然简陋，但已经具备了外骨骼的基本特征，如可穿戴性、提供力量辅助等。这一发明可以视为外骨骼概念的早期萌芽。随着第一次世界大战的爆发，各国开始寻求能够增强士兵战斗力的新技术。美国发明家在 1917 年开发了一种以蒸汽为动力的外骨骼机器人，试图通过增强士兵的力量和耐力来提高战斗力。然而，由于技术限制和实用性问题，这一尝试并未取得实质性的进展。1965 年，美国国防部为了增强美军士兵体能，提出了“外骨骼机器人”的概念，并资助通用电气公司（GE）研发了一种穿戴在士兵身上的增强型军用装甲。该项目旨在通过机械臂和传感器的配合，实现对士兵手部动作的放大和辅助。尽管此项目最终只能替代人的一只手，并且存在诸多技术难题，但它标志着外骨骼机器人在军事应用方面的尝试。

（二）缓慢发展与医疗应用尝试阶段

自 20 世纪 60 年代至 2000 年，外骨骼机器人的发展相对平稳。

由于技术瓶颈和资金限制，该领域的研究进展缓慢。然而，计算机技术、传感技术和控制技术的不断发展，为外骨骼机器人的研究提供了新的契机。这一时期，外骨骼机器人逐渐从军事领域转向医疗康复领域。各国科研机构开始探索外骨骼机器人在帮助残疾人、老年人以及康复患者恢复运动功能方面的应用，通过对外骨骼机器人的结构、控制系统和康复算法的不断改进和优化，使其在医疗康复领域的应用逐渐得到认可和推广。20 世纪 60 年代末，南斯拉夫贝尔格莱德大学开始研制截瘫患者用外骨骼机器人，受当时整体技术落后的限制，该研发成果仅仅实现了部分运动形式，而不能用于人体康复和实际使用。同期，美国通用电气公司研发的外骨骼机器人“Hardiman”原型机（图 1-3）仅完成了一只手臂举起 341 千克物体的任务。由于设备重量过大，体积也不适合一般条件下使用，且设备的肢体和腿部无法协调运动，难以实现基本的行走协助，未能取得技术上的突破。

图 1-3 “Hardiman”原型机

（三）技术突破与规模化应用阶段

进入21世纪，随着计算机技术、传感技术、材料技术和控制技术的快速发展，外骨骼机器人迎来了技术上的突破。新型材料的应用使得外骨骼机器人更加轻便、舒适，高精度传感器的应用提高了运动感知的准确性，智能控制算法的应用实现了对外骨骼机器人的精准控制，这些技术突破为外骨骼机器人的规模化应用奠定了基础。其间，美国国防高级研究计划局（DARPA）出资5000万美元，在信息技术发展的基础上重新开启了军用“外骨骼机器人”研究项目，以提高单兵作战能力为目标，使士兵负重能力更强（携带更多的武器和装备）、跑得更快、跳得更高（跨越障碍）。与此同时，美国、以色列、日本、荷兰、韩国先后投入大量经费，用于支持外骨骼机器人在伤残人康复领域的发展研究。经过20余年的不断研发与改进，以及丰富的临床试验，外骨骼机器人技术已经在国内外逐步成熟，并涌现出多个引领行业发展的知名品牌。这些品牌包括以色列ReWalk Robotics公司的ReWalk、日本Cyberdyne公司的HAL、美国Ekso Bionics公司的Ekso GT、新西兰Rex Bionics公司的Rex、中国大艾机器人公司的艾动AiLegs和艾康AiWalker体系等（图1-4）。

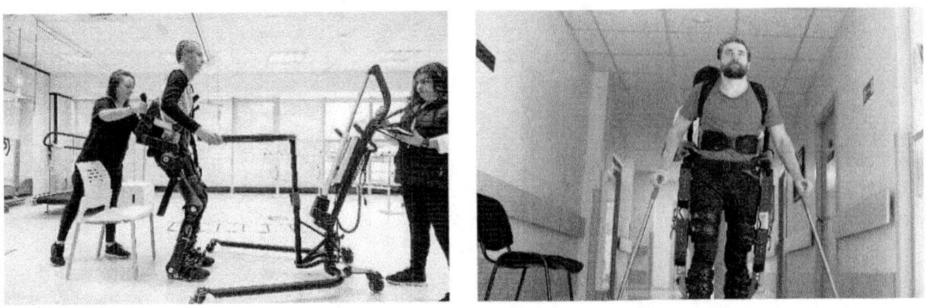

图1-4 国外外骨骼康复训练机器人

我国的外骨骼机器人的研究启动相对较晚，但发展速度惊人，整体应用和商业化进展后来居上。2000年，清华大学等高等院校及科研机构相继开展外骨骼技术的相关研究。其中，浙江大学于2004年研制出一种可穿戴式柔性外骨骼机械手，而上海交通大学则在2011年研制出一种可穿戴式外骨骼机器人。然而，由于科研经费资助力度较小，所研制的样机实物均显得较为粗糙。这一阶段，国内外骨骼的研究发展主要依赖于高校的研究资源进行基础理论探讨。在技术上，如何为使用者提供切实的价值暂未取得突破，因此也未形成实质的商业化进展。

随着机器人相关技术的飞速发展和机器人行业市场规模的日益扩大，企业与高校合作研究外骨骼机器人的模式逐渐增多，这标志着外骨骼机器人领域的研究迈入商业化阶段。2015年后，随着中国基础制造业的崛起和国内市场的逐步形成，社会资本纷纷涌入这一领域。在这一背景下，国内企业如大艾机器人、北京加禾智能、傅利叶智能、迈步机器人、程天科技等公司纷纷崭露头角，掀起了中国外骨骼机器人商业化的浪潮（图1–5）。

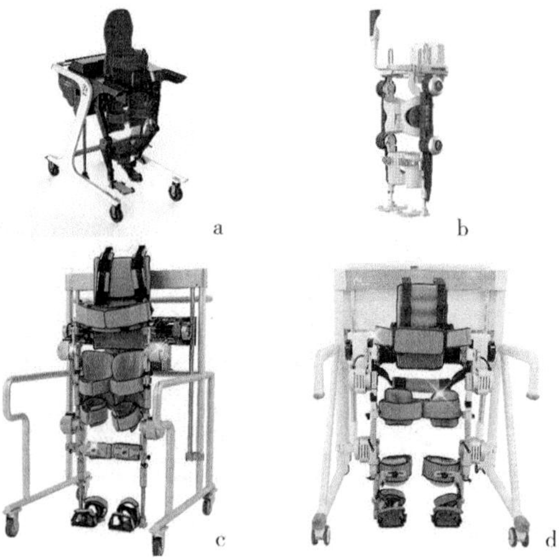

图1–5　大艾机器人的产品体系

a. 家用版　b. 医用版　c. 双足助行　d. 儿童版

同一阶段，对于运动能力差的患者和老年人群的助力需求，市场以刚性外骨骼为主，但这种技术适配性相对较差。正是在这样的背景下，软体外骨骼的概念应运而生。区别于传统可穿戴机器人通过支撑身体重量进行辅助的技术理念，小型化和轻量化的产品成为另外一种技术选择。柔性外骨骼突破性地将人工智能算法、机器人技术、柔性材料设计以及人体生物力学等技术有机结合，通过机器学习预测动作意图，使肌肉外甲高度协同身体并提供实时肌肉辅助，帮助穿戴者更稳定、更轻松、更准确地完成各种身体动作。在这一领域，迈步机器人、肯綮科技、司羿智能、远也科技等公司成为代表性企业（图 1-6）。

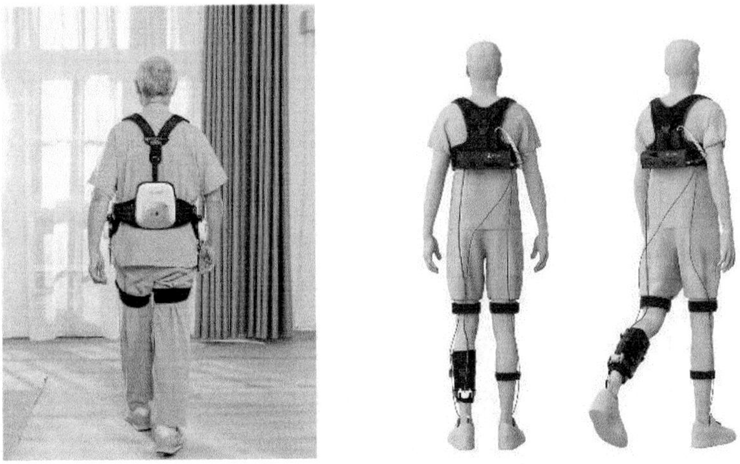

图 1-6　迈步机器人公司助行机器人 MAX、司羿智能 EasyWalk® X1

三、外骨骼机器人对伤残康复领域的影响

未来，外骨骼机器人将在伤残康复领域产生巨大影响，通过为伤残患者提供个性化的康复方案，不仅扩展了康复资源，提高了康复效果，还大大减轻了医护人员的负担。此外，外骨骼机器人的应用也极大地提升了患者的康复信心，推动了康复医学发展，为他们

带来了新的希望和机会，重塑了他们对生活的信心和期待。总体而言，外骨骼机器人的出现能够重塑伤残康复领域的特性。

1. 替代康复医师

外骨骼机器人能够在一定程度上替代康复治疗医师的机械性、重复性手法操作。康复机器人凭借机械设备特有的优势，可进行重复、单一或复杂性、高强度的训练，将医师从繁重、反复的训练工作中解脱出来，使其能更专注于治疗方案的创新与优化，同时也为远程康复和集中化康复医疗的实现提供了可能性。

2. 拓展辅助器具的适配范围

外骨骼机器人更像是辅助器具的技术升级版，二者在功能和目的上有一定的共通性。辅助器具是为身体功能受损的人群提供日常生活的便利而设计的各种设备或工具，目标是补充或强化这类人群的身体机能，提高其生活质量和自主生活能力。而外骨骼机器人则是一种更先进的技术产品，它结合了机器人技术、传感器、控制系统和人工智能等多领域的最新成果。外骨骼机器人可以穿戴在患者身体上，依靠精确的运动控制和力量支持，协助患者完成各种动作。与辅助器具相比，外骨骼机器人展现了更高的智能性、适应性和互动性，更能满足患者的个性化需求并提供更全面的支持。

3. 精准控制康复治疗过程

利用外骨骼机器人提供的各类传感器测量人体运动学、生理学数据，可为医师改进和优化康复方案提供客观依据；在对患者进行功能评估后，外骨骼机器人的治疗强度及不同训练模式主要依据算法计算得出，因而更加贴合患者的实际治疗需求。外骨骼机器人还能根据伤残患者的具体情况，如损伤程度、康复阶段和身体特征，提供个性化的康复计划。通过定制化的训练和辅助，外骨骼机器人能够帮助患者更有效地恢复运动功能，提升生活质量。结合反馈系统和交互式设计，外骨骼机器人可为患者设置任务导向，激发其主动运动意识，同时可以增加治疗过程的趣味性，增强患者的康复信心，提高康复治疗的依从性与效果。

4. 提升患者信心

在外骨骼机器人的辅助下，许多伤残患者能够重新获得行走能力，甚至恢复部分或全部生活自理能力，这使患者能够更好地融入社会，更自由地参与社交活动，进而提升生活质量。这种显著的康复效果有助于提升患者的信心和自尊，促进他们更好地回归社会。

5. 减轻医疗资源压力

传统的康复过程往往需要在医院或康复中心进行，这不仅给患者带来了不便，也增加了医疗资源的负担。居家康复作为一种新兴的康复模式，旨在让患者在熟悉的生活环境中进行康复训练，以提升康复效果和生活质量。外骨骼机器人作为一种先进的康复辅助设备，为居家康复提供了有力的支持。外骨骼机器人可以根据患者的具体情况提供个性化的康复方案，并通过精确的传感器和控制系统实时监测患者的运动状态，确保训练的安全性和有效性。

第二节　外骨骼机器人的界定、分类和特点

外骨骼机器人是近年来在医学、机械工程和电子技术交叉领域崭露头角的一项前沿技术成果。它不仅代表了科技和医学结合的巅峰，更为那些因疾病或损伤失去正常生活能力的患者提供了新的康复途径。本节将深入探讨外骨骼机器人的界定、分类和特点，揭示这一技术的深层内涵和前景。

一、外骨骼机器人的界定

外骨骼机器人是一种先进的医疗设备，具有多学科交叉融合的

属性。从功能上来看，外骨骼机器人主要用于康复领域，辅助运动障碍患者进行科学、高效、准确的步行康复训练。它基于“神经可塑性”原理，通过外部带动患者下肢进行科学运动，刺激神经系统重塑，提升下肢自主行走能力，加速康复进程。与此同时，这种机器人还能充分训练患者各项身体机能，以及关节运动的同步性，帮助患者重建行走能力。

（一）作为伤残人康复辅助器具的界定

伤残人康复辅助器具，通常是指康复医疗中用于康复训练与治疗、帮助功能提高或恢复的器具。伤残人康复辅助器具概念实际上等同于国际上的名称“辅助产品”（Assistive Products），在 ISO 9999：2011 Assistive Products for Persons with Disability—Classification and Terminology（《残疾人辅助器具　分类和术语》）国际标准中作为标准名称。2001 年，世界卫生大会通过的国际残疾的新分类《国际功能、残疾和健康分类》（ICF）认为，个人因素和环境因素与残疾（失能）的发生、发展，以及功能的恢复、重建都密切相关。而在环境因素中，首先列出了“辅助产品”的概念，并定义为“为改善失能者功能状况而采用适配的或专门设计的任何产品、器具、设备或技术”。显然，这里实际上明确了“辅助产品”包括“器具”（Devices）与“技术”（Technology）两个不同的概念范畴，但并没有明确说明二者的关系。实际上，我们可以认为，“辅助产品”的概念接近于美国的“辅助技术”（Assistive Technology）。在 1990 年颁布的美国联邦法律《失能者教育改进法案》（Individuals with Disabilities Education Improvement Act，IDEA）中，首先定义了“辅助技术”的概念，其包括“辅助技术器具”（Assistive Technology Devices）与“辅助技术服务”（Assistive Technology Service）两个概念。这是一部主要针对儿童教育的法案，其中“辅助技术器具”的定义为“用于提高、保持或改进失能儿童功能的任何物品、设备或产品系统，无论是商业现成的，还是改进的或是定制的”，“辅助技术服务”的定义为“任何直接辅助失能儿童选择、获取或使用辅助器具的服务”。可见，“辅助产品”的定义中的“器具”（Devices）可以与“辅助技术”中的“辅助技术器具”（Assistive Technology Devices）相对应，而“技术”（Technology）可以与“辅助技术服务”（Assistive Technology Service）相对应。尽管“辅助产品”与“辅助技术”这两个概念是在不同的文件中提出，没有直接的关系，但二者均是当前国际上在康复辅助器具领域最常用、最规范的名词。

作为一种康复辅助器具，过去在我国的管理体系中主要参考残疾人康复辅助器具管理，“辅助产品”的概念通常被称为“康复辅具”（如国家康复辅具研究中心）、“康复器具”（如中国康复器具协会）或“辅助器具”（如中国残疾人辅助器具中心）。2023 年，民政部发布的《中国康复辅助器具目录（2023 年版）》和《康复辅助器具 分类和术语》中明确定义了统一称谓为“康复辅助器具”。

1. 康复辅助器具的基本分类

根据康复辅助器具使用情况和效果，将品名举例产品按管理程度分为三类：与身体密切接触或有治疗作用的为Ⅰ类；有功能改善或代偿作用的为Ⅱ类；在日常生活中使用，可提升生活品质的为Ⅲ类。新增产品类别体现了分类指导的原则，为建立分层分类的康复辅助器具监管规则提供了依据，这三类产品主要界定如下。

（1）Ⅰ类：与身体密切接触或有治疗作用

这类康复辅助器具用于失能者（临时或永久）的功能诊断与评定、症状缓解或功能恢复。它们大多在医疗、康复机构、辅助器具验配机构使用，并由医务人员、康复师、辅助器具工程师、助听器验配师等相关专业人员进行安装、调试和使用，这些器具包括康复诊断与评价器械、运动康复训练类器械、物理因子治疗器械、作业治疗器械以及结构、功能代偿类器械（如假肢、矫形器、人工耳蜗）等。

（2）Ⅱ类：有功能改善或代偿作用

这类康复辅助器具具备改善、增强生活自理能力和自身功能特征。生活类辅助器具是指失能者自主使用或在他人帮助下使用的、用于功能增强或功能辅助、实现日常生活辅助的器具，也可以统称为日常生活辅助器具，包括移动辅助器具（如轮椅车）、信息与沟通辅助器具（如言语障碍者使用的电子沟通板）、个人护理与防护器具、就餐与家务辅助器具以及就业和职业训练辅助器具等。这些器具大多在个人或家庭环境中使用。

（3）Ⅲ类：在日常生活中使用，可提升生活品质

这类康复辅助器具旨在帮助伤残患者/失能者的移动、起居、餐饮、洗浴、排泄等日常居家生活，以及就业、外出、娱乐等室外生活得到无障碍环境改造与控制，包括无障碍通道、盲道、无障碍电梯、无障碍家庭建筑设施（如无障碍卫生间）、无障碍卫浴设施、无障碍家具（如衣柜、厨具）等。这类器具大多在公共场所或家庭环境中使用。

2. 康复辅助器具的国际与国内主类编号对照

国际标准的分类主要是按照康复器械功能来进行的。在国际标准 ISO 9999：2011 Assistive Products for Persons with Disability—Classification and Terminology（《残疾人辅助器具　分类和术语》）中，对于辅助产品（本书所称“康复器械”）的定义是：能预防、代偿、监护、减轻或降低损伤、活动受限和参与限制的任何产品（包括器械、仪器、设备和软件），可以是特别生产的或通用产品。该标准将辅助产品分为 12 个主类（表 1-1）。

表 1-1　ISO 9999：2011 主类、次类和支类的数量

主类	次类与支类
主类 04 个人治疗辅助器具	下分 18 个次类和 64 个支类
主类 05 技能训练辅助器具	下分 10 个次类和 49 个支类
主类 06 矫形器和假肢	下分 9 个次类和 102 个支类
主类 09 个人生活自理和防护辅助器具	下分 18 个次类和 128 个支类
主类 12 个人移动辅助器具	下分 16 个次类和 103 个支类
主类 15 家务辅助器具	下分 5 个次类和 46 个支类
主类 18 家庭和其他场所使用的家具及其适配件	下分 12 个次类和 72 个支类
主类 22 沟通和信息辅助器具	下分 13 个次类和 90 个支类
主类 24 操作物体和器具的辅助器具	下分 8 个次类和 38 个支类
主类 27 用于环境改善和评估的辅助器具	下分 2 个次类和 17 个支类
主类 28 就业和职业训练辅助器具	下分 9 个次类和 44 个支类
主类 30 休闲娱乐辅助器具	下分 9 个次类和 28 个支类

2023 年 11 月，民政部发布《中国康复辅助器具目录》，参考借鉴国家标准 GB/T 16432—2016《康复辅助器具　分类和术语》分类原则，将康复辅助器具划分为 12 个主类，并在主类下设置 101 个次类、432 个支类。在 2014 年 6 月发布的《中国康复辅助器具目录》基础上增加了 773 个与品名举例产品相对应的产品描述和 756 个预期用途，对品名举例产品的共性内容进行了归纳描述。新版《中国康复辅助器具目录》的发布，推动了康复辅助器具产业相关国家标准、行业标准、团体标准的制定，为研究制定康复辅助器具行业监督管理办法、编制和发布工伤保险康复辅助器具配置目录、制定公

益性康复辅助器具配置标准、社区租赁产品提供了依据，对各级政府制定和实施康复辅助器具产业发展规划起到了重要作用。在新版《中国康复辅助器具目录》中，684 个康复辅助器具产品被纳入医疗器械管理范围，将按照《医疗器械监督管理条例》要求强化监管，进一步规范了相关产品的研发、生产、经营和使用（表 1-2）。

表 1-2 《中国康复辅助器具目录》目录主类编号与国际主类编号的对照

目录主类编号	主类名称	国标主类编号
01	矫形器和假肢	06
02	个人移动辅助器具	12
03	个人生活自理和防护辅助器具	09
04	家庭和其他场所使用的家具及其适配件	18
05	沟通和信息辅助器具	22
06	个人治疗辅助器具	04
07	技能训练辅助器具	05
08	操作物体和器具的辅助器具	24
09	用于环境改善和评估的辅助器具	27
10	家务辅助器具	15
11	就业和职业训练辅助器具	28
12	休闲娱乐辅助器具	30

3.《中国康复辅助器具目录》对外骨骼机器人的分类界定

笔者整理了《中国康复辅助器具目录》中关于各类外骨骼机器人的线索，以名称、产品描述、预期用途，列出外骨骼机器人在《中国康复辅助器具目录》中的分类界定（表 1-3）。

表 1-3 《中国康复辅助器具目录》分类界定中关联外骨骼机器人的项目

代码	名称	产品描述	预期用途	品名举例	类别
01 12 19	胸腰(腰)骶髋膝踝足矫形器	围绕躯干腰椎、髋关节、膝关节、踝关节和足部，有或无脊柱胸椎部分的矫形器。主材质为金属等。人体力源驱动方式	适用于下肢偏瘫、小脑萎缩、身体机能下降等导致的下肢功能障碍	下肢外骨骼行走辅助器	Ⅰ
01 12 19	胸腰(腰)骶髋膝踝足矫形器	围绕躯干腰椎、髋关节、膝关节、踝关节和足部，有或无脊柱胸椎部分的矫形器。主材质为金属等。电动驱动装置	适用于下肢偏瘫、小脑萎缩、身体机能下降等导致的下肢功能障碍	电动下肢外骨骼行走器	Ⅰ
06 48 07	行走训练辅助器具	人步行时提供支撑的固定装置。主材质为金属、ABS 树脂等。电动驱动装置	适用于下肢功能障碍者的步行训练	移动式单侧下肢外骨骼机器人、下肢外骨骼步行辅助器、健步机器人	Ⅱ
06 48 12	手指和手训练器械	提供手部功能关节主被动康复训练的设备。通常由电源适配器、主机、训练器具等组成。主材质为金属、塑料等	适用于手功能障碍者，通过训练，改善手指各关节活动度、手指肌力及手的灵活性、协调性	手部主被动运动康复训练器、手功能综合训练平台、手关节持续被动活动仪、镜像手训练器、手功能康复训练与评估系统、手部持续被动训练系统、柔性智能手功能训练机器人、智能软体训练手套	Ⅱ

续表

<table>
<tr><th>代码</th><th>名称</th><th>产品描述</th><th>预期用途</th><th>品名举例</th><th>类别</th></tr>
<tr><td rowspan="4">06
48
15</td><td rowspan="4">上下肢训练器和躯干训练器</td><td>上肢运动、平衡或强化肌力的训练器材。主材质为金属、塑料等</td><td>适用于上肢功能障碍者，可改善肌力、关节活动度和平衡能力</td><td>上肢关节康复训练器、上肢机器人训练与评估系统、上肢康复训练智能系统、便携式上肢智能机器人</td><td>Ⅱ</td></tr>
<tr><td>下肢运动、平衡或强化肌力的训练器材。主材质为金属、塑料等</td><td>适用于下肢功能障碍者，可改善肌力、关节活动度和平衡能力</td><td>下肢康复训练机器人、下肢运动训练器、下肢康复训练系统、下肢康复运动训练系统、下肢坐卧式康复训练机器人、脑控下肢外骨骼机器人</td><td>Ⅱ</td></tr>
<tr><td>上下肢运动、平衡或强化肌力的训练器材。主材质为金属、塑料等</td><td rowspan="2">适用于肢体功能障碍者，可改善肌力、关节活动度和平衡能力</td><td>上下肢主被动运动康复机器人、上下肢主被动训练系统、上下肢综合康复训练器、四肢联动康复训练仪</td><td>Ⅱ</td></tr>
<tr><td>全身运动、平衡或强化肌力的训练器材。主材质为金属、塑料等</td><td>关节康复器、智能关节训练器、肢体康复器、肢体运动康复器、家用智能训练辅助机器人、家用智能摇摆动感机器人、家用智能律动训练机器人</td><td>Ⅱ</td></tr>
</table>

续表

代码	名称	产品描述	预期用途	品名举例	类别
06 48 24	运动、肌力和平衡训练的生物反馈仪器	对应于一个特定的身体（下肢）或生理行为，能提供一个听力、视力或触觉信号的器具。通常由电源适配器、主机、系统软件等组成。主材质为金属、ABS 树脂等	适用于下肢功能障碍者，通过生物反馈疗法，改善肌力、平衡等功能	智能下肢反馈训练系统、机器人智能反馈训练系统	Ⅱ
06 48 28	神经反馈训练系统	通过脑电采集器，捕获患者的脑电信号，采用人工智能算法分析脑电波形数据，识别出患者的运动意图，人工搭建一条神经通路，控制相应的肢体完成患者想象的运动。通常由主机、脑电控制器、电刺激线、软件四部分组成。主材质为金属、电子元器件等	适用于因脑卒中、脊柱损伤、神经性损伤、肌肉损伤或骨科疾病等原因造成运动功能障碍的患者康复训练	脑机接口康复训练系统	Ⅱ
		通过控制器采集脑电信号，准确获取患者有意向运动的信号，驱动机械手实现四指、拇指、手腕部分或整体的康复训练的装置。主材质为航空铝材、ABS 树脂等	适用于受伤后患者或脑血管疾病后遗症患者的手指关节恢复训练	手功能康复训练系统	Ⅱ

续表

代码	名称	产品描述	预期用途	品名举例	类别
07 33 09	个人移动训练辅助器具	训练肢体功能障碍者行走的器具。主材质为铝合金、钢材、ABS 树脂等。电动驱动装置	适用于下肢功能障碍者，有助于日常步行训练及增加个人移动的能力	智能代步机器人、智能辅助移动机器人、胸腰（腰）骶髋膝踝足外骨骼康复训练机器人、智能家用下肢康复运动器、外骨骼康复行走训练机器人、行走辅助机器人	Ⅱ
		训练肢体功能障碍儿童行走的器具。主材质为金属、塑料等。电动驱动装置	适用于步行困难的肢体功能障碍儿童	儿童外骨骼康复行走训练机器人	Ⅱ

（二）作为医疗器械的界定

从通常意义上说，医疗器械是指直接或者间接用于人体的仪器、设备、器具、体外诊断试剂及校准物、材料以及其他类似或者相关的物品，包括所需要的计算机软件。医疗器械的效用主要通过物理等方式获得，而不是通过药理学、免疫学或者代谢的方式获得，或者说虽然有这些方式参与，但是只起辅助作用。医疗器械的目的包括：

（1）疾病的诊断、预防、监护、治疗或者缓解；

（2）损伤的诊断、监护、治疗、缓解或者功能补偿；

（3）生理结构或者生理过程的检验、替代、调节或者支持；

（4）生命的支持和维持；

（5）妊娠控制；

（6）通过对来自人体的样本进行检查，为医疗或者诊断目的提供信息。

鉴于外骨骼机器人主要使用人群为疾病后遗症群体，其使用目的是为术后患者、残障人士以及脑卒中、瘫痪等疾病的患者提供步态移动、起立坐下、关节运动等多种训练模式，并通过持续、科学的训练，帮助患者纠正行走姿态，逐步恢复行动能力，同时有效降低并发症和后遗症的风险，减少肌肉痉挛、预防骨质疏松等情形。因此，外骨骼机器人的使用目的，包括疾病的预防、辅助治疗、缓解并发症；同时，辅助行走和辅助运动的机器人还有功能补偿的作用。从这个意义上来讲，外骨骼机器人属于典型的医疗器械。医疗器械按照其风险等级分为三类，其中第一类是指那些通过常规管理足以保证其安全性、有效性的医疗器械。第二类是指对其安全性、有效性应当加以控制的医疗器械。第三类是指风险等级最高的医疗器械，这类医疗器械通常植入人体，用于支持、维持生命，对人体具有潜在危险。因此，对其安全性、有效性必须加以严格控制。

具体来说，外骨骼机器人通常被分类为二类或三类医疗器械，这取决于其预期用途、风险等级以及是否符合相关的安全和有效性标准。笔者查询了目前行业内的多家企业注册情况，发现各地区注册审查时，均将外骨骼机器人视为二类医疗器械管理。目前获得外骨骼机器人二类医疗器械注册证并明确适用范围和结构组成的部分企业参见表 1-4。

表 1-4　国内多家外骨骼机器人企业的注册证情况

注册名称 注册证号	类别	型号规格	结构及组成/主要组成成分	适用范围/ 预期用途
杭州程天科技发展有限公司外骨骼机器人注册情况				
下肢外骨骼步行康复器 浙械注准20212190103	二	UGO220 UGO221 UGO222 UGO223	UGO220、UGO221 型产品由控制背包、电池、腿部总成、肘杖、记录软件和控制背包电池充电器组成。UGO222、UGO223 型产品由控制背包、电池、腿部总成、肘杖和控制背包电池充电器组成	用于中枢神经病变导致的下肢步行功能障碍的患者进行步行康复训练

续表

注册名称 注册证号	类别	型号规格	结构及组成/主要组成成分	适用范围/ 预期用途
杭州程天科技发展有限公司外骨骼机器人注册情况				
下肢坐卧式康复训练器 浙械注准 20222191006	二	URA210 URA211 URA220 URA221	URA210、URA211 型下肢坐卧式康复训练器由主机、腿部总成、控制手柄、主机电池及主机电池充电器组成。URA220、URA221 型下肢坐卧式康复训练器由主机、腿部总成、控制手柄、主机电源组成	适用于对患者下肢进行连续性主、被动运动的康复性训练
北京大艾机器人科技有限公司外骨骼机器人注册情况				
下肢步行机器辅助训练装置 京械注准 20182260229	二	AiWalker AiWalker-Ⅰ AiWalker-Ⅱ AiWalker-K	产品由腿杆、足底、移动台架、设备控制器、绑带组成	适用于因脊髓损伤导致的下肢运动功能障碍患者的步行康复训练
下肢步行机器辅助训练装置 京械注准 20182260230	二	AiLegs	产品由机械本体（包含腰杆、腿杆、足底、驱动装置）、设备控制器、绑带组成	适用于因脊髓损伤导致的下肢运动功能障碍患者的步行康复训练

续表

注册名称 注册证号	类别	型号规格	结构及组成/主要组成成分	适用范围/ 预期用途
布法罗机器人科技（成都）有限公司外骨骼机器人注册情况				
下肢步行外骨骼 川械注准 20182190140	二	Aider1. 0 Aider1. 1 Aider2. 0 Aider3. 2 Aider3. 3	Aider1. 0、Aider1. 1、Aider3. 2、Aider3. 3 型下肢步行外骨骼由主机、拐杖、主机电源适配器、拐杖电源适配器和绑缚装置组成，软件发布版本号为 Ver1。其中，主机由主控制部件（含主电池）、髋关节部件、大腿部件、小腿部件、鞋底部件组成。 Aider2. 0 型下肢步行外骨骼由主机、拐杖、主机电源适配器、拐杖电源适配器和绑缚装置组成，软件发布版本号为 Ver1。其中，主机由主控制部件（含主电池）、髋关节部件、大腿部件、小腿部件、鞋底部件组成。大腿部件和小腿部件尺寸可选择	适用于下肢步行能力障碍人群开展辅助行走和步态训练
减重步态训练器 川械注准 20202190203	二	逸行-H1	产品由悬吊装置、跑台、扶手、急停开关、平板电脑、操作手柄、升降和减重机构组成，软件发布版本号为 BFRMill-1	适用于下肢步行能力障碍患者进行步态康复训练

续表

注册名称 注册证号	类别	型号规格	结构及组成/主要组成成分	适用范围/ 预期用途
深圳迈步机器人科技有限公司外骨骼机器人注册情况				
下肢运动康复训练设备 湘械注准 20222192119	二	MAX-M1 MAX-M2 MAX-P1 MAX-P2 MAX-P3	产品由背包控制箱（包括可充电锂离子电池、电源线接口、信号连接接口）、腰部部件、带驱动的左腿部件（包括大腿部件、绑带与信号连接线）、带驱动的右腿部件（包括大腿部件、绑带与信号连接线）、电源适配器及手机 App（下肢运动康复训练设备控制系统 V1.0）组成	适用于对下肢步行障碍者进行康复训练，需在人员监护下使用
下肢康复训练机器人 冀械注准 20212190662	二	BEAR-A1	产品由背包控制箱（包括电源开关、电源线接口、信号连接接口、紧急开关按钮）、腰部部件、左腿外骨骼部件（包括大腿部件、小腿部件、鞋子部件、绑带、电源与信号连接线）、右腿外骨骼部件（包括大腿部件、小腿部件、鞋子部件、绑带、电源与信号连接线）、控制面板及电源适配器组成	用于脑卒中导致下肢运动功能障碍的患者进行康复训练，需在人员监护下使用
下肢外骨骼机器人 湘械注准 20222192120	二	BEAR-A1	产品由背包控制箱（包括电源开关、电源线接口、信号连接接口、紧急开关按钮）、腰部部件、左腿外骨骼部件（包括大腿部件、小腿部件、鞋子部件、绑带、电源与信号连接线）、右腿外骨骼部件（包括大腿部件、小腿部件、鞋子部件、绑带、电源与信号连接线）、控制面板及电源适配器组成	用于脑卒中导致下肢运动功能障碍的患者进行康复训练，需在人员监护下使用

二、外骨骼机器人的常见分类

随着科技的不断进步，外骨骼机器人将朝着更加智能化、人性化和多功能化的方向发展。外骨骼机器人根据结构和应用领域可以分为不同类型，每种类型都有其独有的特点和适用范围。

（一）按作用部位分类

依据作用部位的不同命名，是外骨骼机器人通用的命名方式，可以基本分为以下几类。

1. 上肢外骨骼机器人

上肢外骨骼机器人主要针对上肢运动功能障碍的患者设计，通常具有多个自由度，能够模拟人体上肢的各个关节运动，如肩关节、肘关节和腕关节等。通过穿戴在患者的上肢上，上肢外骨骼机器人可以帮助患者完成日常生活中的抓取、搬运等动作，提高患者的自理能力。

2. 下肢外骨骼机器人

下肢外骨骼机器人主要针对下肢运动功能障碍的患者进行设计，主要辅助患者的髋关节、膝关节和踝关节进行运动，帮助患者实现站立、行走等。对于截瘫、偏瘫等患者来说，使用下肢外骨骼机器人是恢复行走能力的重要手段。

3. 脊柱外骨骼机器人

脊柱受损、脊柱侧弯、脊柱骨折等患者在康复期间穿戴脊柱外骨骼机器人，可以得到必要的支撑和保护，减轻脊柱的负荷，逐步恢复正常的脊柱功能。对于需要长时间站立或进行重体力劳动的人群，穿戴脊柱外骨骼机器人可以分担部分重力，减轻背部和脊柱的疲劳感，提高工作效率和舒适度。

4. 全身外骨骼机器人

全身外骨骼机器人涵盖了上肢和下肢的功能，旨在为全身运动功能障碍的患者提供全面的康复支持。它们不仅能够帮助患者进行四肢的关节运动，还能够通过调整身体姿势和重心分布来改善患者的平衡能力和协调能力。

（二）按机器结构特性分类

外骨骼机器人按照其结构特性可以分为刚性外骨骼机器人和柔性外骨骼机器人两大类。刚性外骨骼机器人和柔性外骨骼机器人并不是严格对立的概念，实际上在很多设计中，这两种特性可能会相互结合以达到更好的效果。

1. 刚性外骨骼机器人

刚性外骨骼机器人通常采用硬质材料（如金属、塑料等）构建骨架，具有较高的结构刚度和稳定性。它们的设计目标是提供强大的支撑和辅助力量，帮助穿戴者执行各种任务。刚性外骨骼机器人在军事、工业、救援等领域有广泛应用，例如帮助士兵携带重型装备、辅助工人进行重体力劳动等。然而，由于刚性结构的限制，这类机器人在适应不同穿戴者体形和动作灵活性方面可能存在一定的局限性。

2. 柔性外骨骼机器人

柔性外骨骼机器人通常采用柔性材料（如弹性体、织物等）构建骨架，具有更好的适应性和舒适性。它们的设计目标是通过与穿戴者的身体紧密贴合，提供柔性的支撑和辅助力量来帮助穿戴者完成各种动作。柔性外骨骼机器人在医疗康复、助老助残等领域有广泛应用，例如帮助中风患者恢复行走能力、辅助老年人进行日常活动等。由于柔性结构的灵活性，这类机器人能够更好地适应不同穿戴者的体形和动作需求。

（三）按患者使用机器人进行康复训练时的体位特征分类

根据患者在康复训练中的体位，下肢康复机器人大致分为坐卧式下肢机器人、直立式下肢机器人和辅助起立式下肢机器人，其核心技术要素包括建模感知、结构设计、协同控制、交互优化等。其作用原理见图 1-7。

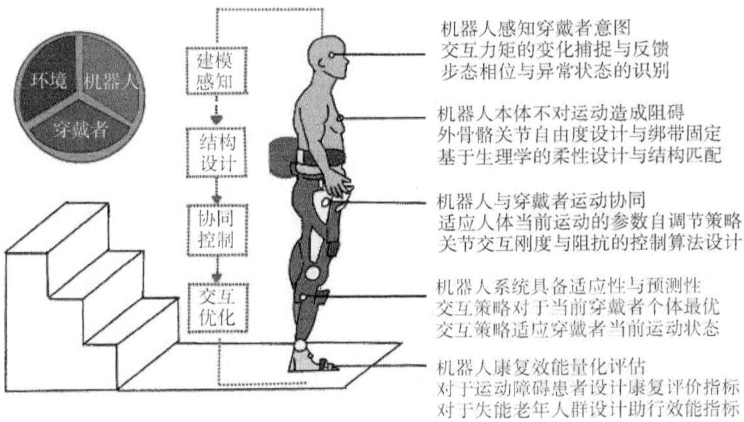

图 1-7 下肢机器人的原理

1. 坐卧式下肢机器人

坐卧式下肢机器人，也称为牵引式下肢康复机器人，主要用于辅助运动功能受损的患者进行康复训练，特别是在患者运动功能完全丧失时或中风患者的康复训练前期使用较多。这类机器人的优势在于患者在训练过程中可以处于坐立、斜躺或平躺的姿态，无须下肢为身体提供支撑，从而减轻患者的负担并提高康复训练的安全性和舒适性。这类机器人一般由两条机械腿组成，在训练过程中将下肢与外骨骼并列安放，利用绑带和足部结构与身体交互，可进行单关节运动和多关节协调训练。外骨骼尺寸可调，运动轨迹在机械限位范围内可以随控制自由实现，具备多种主被动康复训练策略，可以预测患者意图，如运动启停、速度快慢、左腿或是右腿等，还可以通过触摸屏实时监测患者的运动数据。

末端牵引式下肢机器人作用于患者足部，通过足部关节运动带动患者的全身肌肉恢复运动，帮助患者缓解瘫痪带来的关节僵硬、肌肉萎缩等并发症。这类机器人通常采用脚踏板与患者的双足接触，成本较低且易于操作。然而，它在临床上只能实现简单的末端运动轨迹，功能相对单一。

2. 直立式下肢机器人

直立式下肢机器人临床上用于辅助下肢不同程度损伤的患者进行康复训练。

移动助行式下肢机器人（图 1-8a）。这类机器人通过帮助患者完成日常活动来实现患者下肢的康复训练，如直立行走、上下楼梯和上下坡等，既方便患者的日常生活，又能达到康复训练的目的。下肢助行设备主要有助行杖、助行器、外骨骼等。其中，可穿戴式外骨骼机器人受到了广泛关注。这类机器人的设计从人体仿生学角度出发，具备与人腿结构相类似的机械矫形器，穿戴于患者下肢，同时完成体质量支撑和康复训练。临床研究证明，在可穿戴式机器人的髋、膝、踝关节各活动自由度处安装角度传感器来评估关节活动，是相对安全的康复设备，可以协助患者实现高效率的站立和步行运动。

固定减重式下肢机器人（图 1-8b）。这类机器人通常采用在跑步机上结合部分体质量支撑进行运动训练的方法，其结构由跑步机、体质量支撑系统和双侧外骨骼部件组成，能够为患者的臀部和膝关节提供动力。步态训练主要由特定的平面与患者的双足相互作用，完成下肢的交替运动，作用平面主要分为脚踏板、跑步机和地面 3 种。这类机器人主要用于因颅脑损伤、脊髓损伤和肌肉骨骼系统疾病等原因造成步态异常的患者进行康复训练，使用这类机器人是下肢运动功能障碍患者有效的康复运动手段，此外还可以提高神经疾病患者的行动能力。

安全平衡移动支撑型下肢机器人（图 1-8c）。这类机器人是考虑到重症患者使用的安全性，在外骨骼机器人的本体结构基础上增加了多种保护支撑结构和装置研发的。在患者康复训练过程中，从其腰部形成对患者的稳定支撑，再加上面积较大的四脚落地支撑，使一侧偏瘫及双侧均瘫的患者在训练中得到了全面的安全性和稳定性保障。支撑台架下的四个轮子，可保证外骨骼机器人向前行走时，在机器人足底与地面摩擦力的驱动下，安全平衡移动台架随同行走。由于行走的安全性、平衡性、移动性都得到了保证，因此采用安全平衡移动支撑型下肢机器人进行训练，患者会感到非常轻松，且具有与腿部训练行走同步的视觉体验和行走感觉。

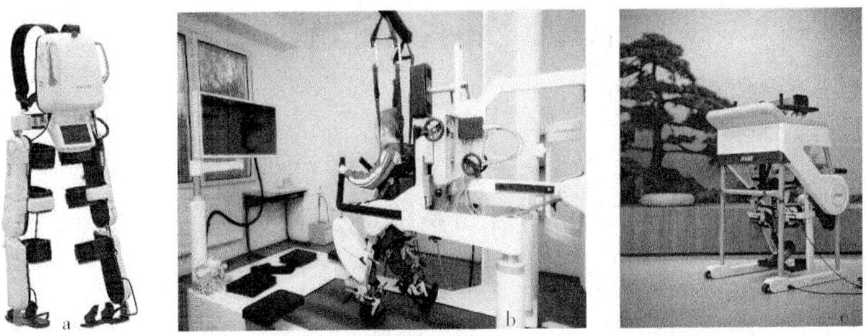

图 1-8　外骨骼康复训练机器人类型

a. 移动助行式下肢机器人（迈步 BEAR-H）　b. 固定减重式下肢机器人（Lokomat）　c. 安全平衡移动支撑型下肢机器人（加禾智能 JH01）

3. 辅助起立式下肢机器人

辅助起立式下肢机器人主要在患者站起或坐下的过程中提供支撑并保持平衡。辅助起立式下肢康复设备采用双绳索，通过提拉患者的躯干，帮助其完成坐或站的运动过程。前后两根绳索由两台独立的直流伺服电动机进行驱动，分别控制训练过程中患者的体位以及对患者的提拉力度，能够根据力和运动传感器信号，识别出患者的主动运动意图，从而提供必要的支撑，通过相对集中地训练起立过程中最为薄弱的环节达到更好的康复效果。这类机器人能够帮助患者以安全、舒适、自然的姿态轻松地完成起立动作，有效地提高了患者关节的运动能力。

（四）按外骨骼机器人的动力形式分类

外骨骼机器人的动力形式多样，按照运动支配形式可将设备分为被动训练、助力等模式。依据其能源供给类型和驱动形式，主要分为电动、液压和气压三种形式。

1. 电动动力形式

电动外骨骼机器人使用电动机作为动力源，通过电池供电。这类机器人具有能源利用效率高、噪声小、环保等优点。同时，电动驱动方式可以实现精确的力矩控制，提高机器人的运动精度和稳定性。然而，受限于电池容量和电机性能，这类机器人在续航能力和输出力矩方面可能存在一定的局限性。

2. 液压动力形式

液压外骨骼机器人利用液压系统传递动力和扭矩。液压驱动具有输出力矩大、响应速度快等优点，适用于需要承受大负载和进行高强度作业的场景。但是，液压系统的设备重量较重，且存在泄漏、维护成本高等问题，因此在轻量化和便携性方面可能不如其他动力形式。

3. 气压动力形式

气压外骨骼机器人使用气压缸或气动马达作为动力源。气压驱动具有重量轻、结构简单、成本低等优点，同时能够在一定程度上吸收冲击和振动。但是，气压系统的输出力矩相对较小，且受气体压缩性的影响，可能在精确控制和稳定性方面存在一定的局限性。

以上三种动力形式并不是严格对立的，实际上在很多设计中可能会采用混合动力形式，即结合两种或多种动力形式的优点以满足特定的应用需求。例如，一些外骨骼机器人可能采用电液混合驱动方式，既保留了电动驱动的精确性和环保性，又获得了液压驱动的大输出力矩特性。在上述不同的动力形式基础上，外骨骼机器人又延伸出基于力传感控制的机器人、被动运动的康复机器人、助力运动的康复机器人、运动反馈补偿的康复机器人。

第二章　外骨骼机器人康复基础理论

第一节　外骨骼机器人的结构和功能基础

外骨骼机器人是一种具有机械结构和智能控制系统的康复辅助装置，旨在协助患有运动障碍或肌肉骨骼系统疾病的个体进行康复训练。通过提供生理上的支持和运动功能的辅助，外骨骼机器人可以帮助患者提升生活质量，提高康复效果。外骨骼机器人的发展经历了多个阶段，从最初的概念验证到现代的高度智能化、个性化的康复机器人，数十年间，技术创新和临床实践推动了外骨骼机器人的不断演进，为康复医学领域带来了新的希望。本节将深入探讨外骨骼机器人的结构和功能基础，介绍其工作原理、技术特点以及在康复治疗中的应用。

一、外骨骼机器人的结构基础

（一）外骨骼机器人一般性结构设计要求

在设计外骨骼机器人时，需要考虑人体下肢的各部分骨骼结构，包括尺寸、转动重心。以下肢为例，人体下肢由髋关节、膝关节和踝关节三个关节连接而成，共同构成了人体的下肢骨架，如图 2-1 所示。

在完成下肢行走的过程中，下肢会呈现周期性步态变化，这个过程被称为步态周期（图 2-2），即一侧足跟着地至该侧足跟再次着

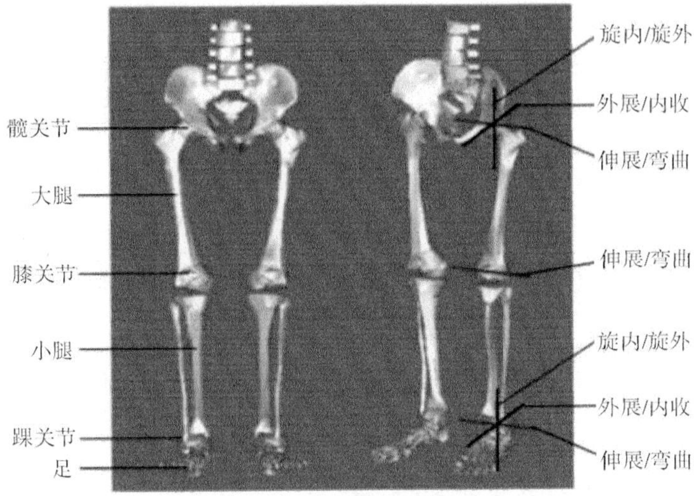

图 2-1　下肢骨骼解剖结构

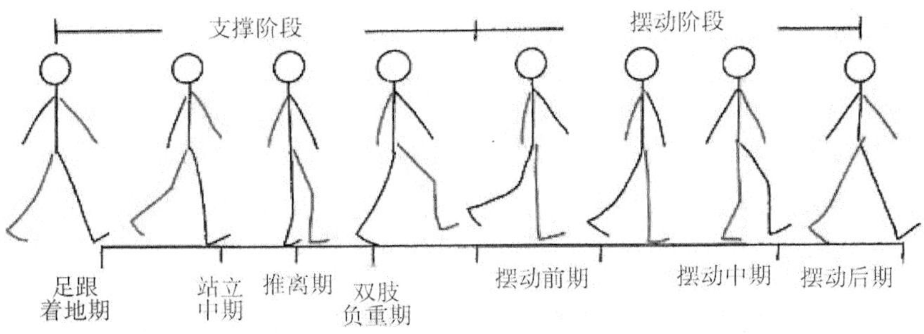

图 2-2　下肢行走的步态周期

地的过程。这个过程具有重复性和周期性，可以分为两个主要阶段：支撑阶段和摆动阶段。支撑阶段，也称为站立期，是从足跟着地开始到足趾离地的时期，大约占整个步态周期的 60%。在这个阶段，足部与地面接触，承受身体重量并推动身体前进。支撑阶段又可以进一步分为单支撑相和双支撑相。单支撑相是指一侧足与地面接触，而对侧足处于摆动相的时期；双支撑相则是指两侧足都与地面接触的时期，也就是步行周期中的过渡阶段。摆动阶段是从足趾离地开始到足跟再次着地的时期，大约占整个步态周期的 40%。在这个阶段，足部离开地面，向前摆动，为下一步的行走做准备。需要注意的是，步态周期中的支撑阶段和摆动阶段是相互转换、连续进行的，而且每个人的步态周期受年龄、性别、身高、体重、行走速度等多种因素影响，可能会有所不同。

因此，在设计一款外骨骼产品时，需要充分考虑到用户的需求，这些需求包括但不限于：

（1）关节活动度限位装置。外骨骼机器人行走时由驱动系统助力，为保证行走的安全性，在外骨骼机器人的驱动关节都应设计有限行程限位装置。要根据不同患者的关节活动能力提供具有保护性的关节活动限制范围。

（2）关键部件承重能力和重量。需要对其中重要零部件进行承载能力、刚度等计算和校核，以保证外骨骼机器人的实用性和稳定性。承载部件应采用高强度材料，确保其在承受重载时不会变形或损坏，同时自身重量应尽可能轻，以减小对穿戴者的负担和能耗。在设计承载能力时，应留出足够的安全余量，以应对意外情况。负载应合理分布在各个支撑点上，以避免局部过载。

（3）尺寸与关节活动要求。设备需要考虑到使用者的尺寸，尺寸应适应不同体形的穿戴者，具有可调节性。在满足功能需求的前提下，尺寸应尽可能紧凑，以减小空间的占用和干扰。

（4）重心与转动中心动态变化要求。重心应设计得相对较低，以保证行走的稳定性，且重心在运动中应能够随动作变化而保持动态平衡。外骨骼机器人的仿人关节转动中心应与人体关节的转动中心尽可能对齐，矢状面转动中心上下差距不超过 2 厘米、前后转动中心不超过 2 厘米。如此可防止运动过程中因运动错位而拉伤患者，同时也可减少设备不必要的力矩和磨损。

（二）外骨骼机器人结构特点

外骨骼机器人的结构设计主要是为了满足临床和生活场景对安全性、有效性的需要。由于神经机能发生障碍，瘫痪患者机体部分或全部运动受限，严重影响患者身心健康。瘫痪类型大致分为四类，分别为单瘫、偏瘫、截瘫和四肢瘫痪，如图 2-3 所示。

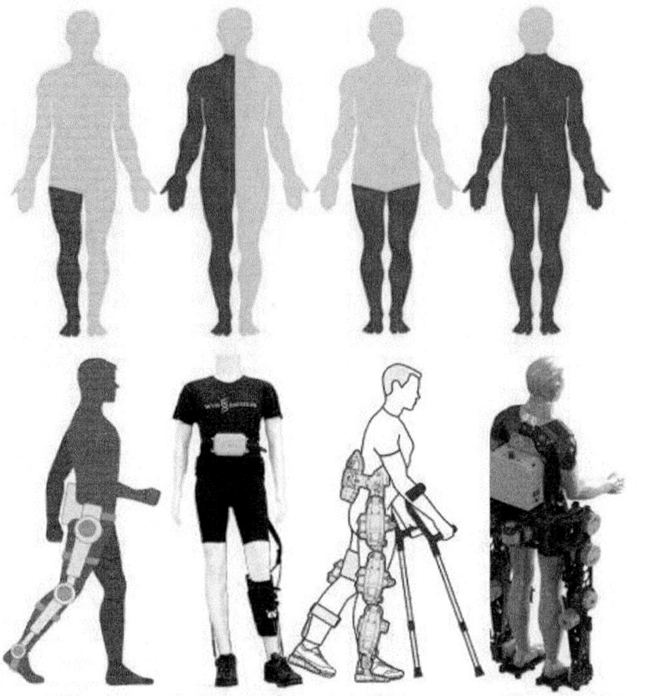

图 2-3 下肢医疗用外骨骼机器人常见结构对照形式

以整个下肢综合训练为例，单瘫、偏瘫、截瘫和四肢瘫痪的患者使用的下肢外骨骼机器人，在机械结构设计、传感、控制、运动意图识别、步态规划、人机协同等技术功能特点要求上各有侧重，主要有以下四类核心结构特点。

第一类、第二类为单肢体外骨骼机器人，根据患者的肢体功能和需要保护、助力的部位有多种类型；根据外骨骼机器人的驱动方式来看，有电机驱动型和绳索驱动型；根据设备的结构控制方式来看，有刚性结构和软体机器人等多种形式。其中，安杰莱智能、远也科技是此类技术的代表，如图 2-4 所示。

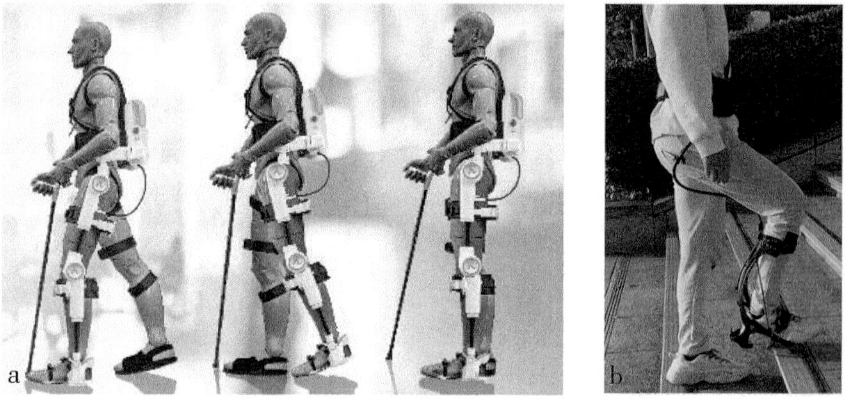

图 2-4

a. 安杰莱 LiteStepper 单下肢外骨骼康复机器人　b. 远也科技瑞行 Rego-ANK

第三类典型的下肢外骨骼机器人，以美国 Ekso、日本 HAL、以色列 ReWalk，以及国内大艾 AiLegs、迈步等为代表，均采用外骨骼机械结构（图 2-5c）。这种外骨骼机器人的特点是模拟髋、膝、踝关节矢状面的屈-伸运动，完成仿人行走中最重要的迈步行走动作。康复训练时，主要考虑到下肢在矢状面的康复训练，包括髋关节的屈曲伸展、膝关节的屈曲伸展、踝关节的跖屈背屈训练。其他如髋膝关节内、外翻和内、外旋等行走中的微小运动自由度通常被忽略（图 2-5）。依据人体运动平面模型，简化下肢外骨骼机器人的结构组成，如表 2-1 所示。

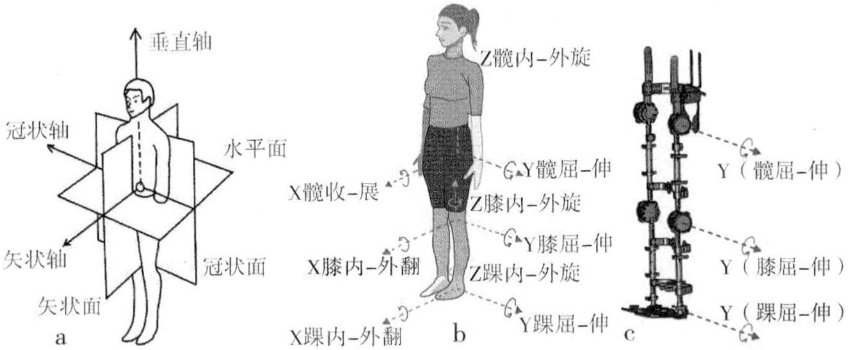

图 2–5　人类下肢实际自由度与下肢外骨骼机器人的实际自由度对比

a. 人体运动平面模型　b. 人类关节运动自由度　c. 常见外骨骼机器人自由度

表 2–1　简化下肢外骨骼机器人结构组成

依据人体运动平面模型，简化外骨骼机器人的结构组成（图 2–5a）	
控制部件	机械部件
控制器+电池组 髋关节驱动（电机液压驱动） 膝关节驱动（电机液压驱动）	可精准适配腰部支撑组件 可精准适配大/小腿支撑组件 足部支撑组件 腰部/腿部/足部绑带

上述外骨骼机器人由于行走设备处于左侧支撑—双侧支撑—右侧支撑交替变化状态，因此设备很难实现自平衡。行走时自平衡能力弱，需要配合双拐形成交替行走、3 点或 4 点支撑步态保持行走平衡。因此，这类下肢外骨骼机器人主要适用于那些双侧上肢功能完好但下肢运动功能障碍的患者，特别适用于患者康复后期的平衡性训练和室内外短距离行走训练，并不适用于偏瘫、四肢瘫痪等上肢功能缺失或平衡能力弱的患者。

第四类典型的下肢外骨骼机器人，考虑到重症患者使用的安全性，在外骨骼机器人的本体结构基础上增加多种保护支撑结构和装置。以北京加禾智能家用外骨骼机器人为例，首创后侧坐穿起立辅助和支撑机械结构，解决了居家训练患者普遍关注的安全穿戴、转移、站立支撑、仿人行走康复训练的问题，此设备能够为患者提供下肢（大腿、小腿）舒适可调整的三维穿戴辅助、脊柱三维空间位置调整适配，还从其下肢髋关节部件的连接位置加装了一套安全平衡移动台架（图 2-6b）。这个台架可以在患者康复训练过程中对其腰部形成稳定支撑，再加上面积较大的四脚落地支撑，使一侧偏瘫及双侧均瘫的患者得到全面的安全性和稳定性保障。因此，在行走的安全性、平衡性、移动性都得到保证的情况下，采用安全平衡移动支撑型外骨骼机器人进行训练，会使患者感到非常轻松，并能在此基础上开展前进/后退拮抗肌群等个性化主动训练，强化其综合行走的感受和训练效果。

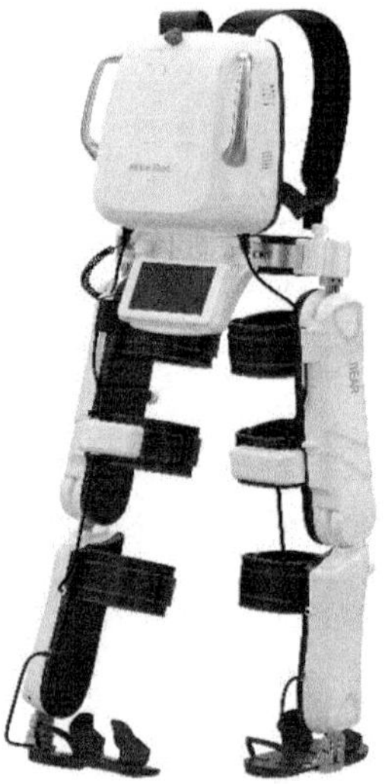
a

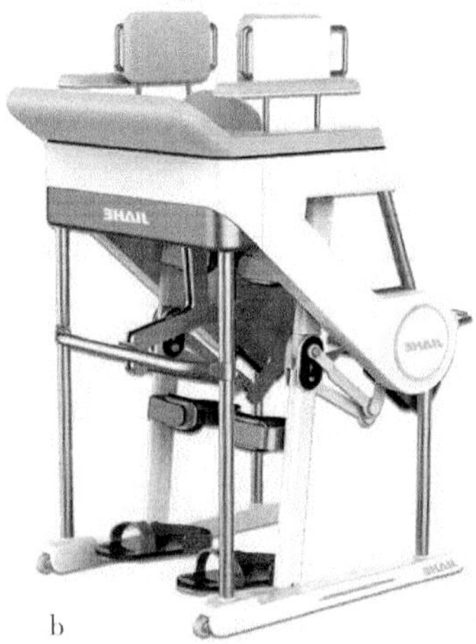
b

图 2-6 第四类下肢外骨骼机器人

a. 简化移动式外骨骼机器人 b. 安全平衡移动支撑型外骨骼机器人

二、外骨骼机器人的功能应用基础

（一）外骨骼机器人在肢体功能康复上的应用

1. 在上肢的应用

上肢，作为人体的重要组成部分，涵盖了肩、臂、肘、前臂和手这 5 个基本单元。上肢的灵活性高，承担人的基本生理活动，也可以通过持续开发学习帮助人们完成更高难度的职业活动，如杂技、体操等运动。但颈椎骨伤、脑卒中等疾病的出现，会使人的中枢神经系统受到损伤，导致上肢运动功能障碍，以至于失去基本的活动能力。因此，在术后增加由外骨骼机器人带动的训练阶段是有必要的，这不仅可以加快人运动功能的恢复，还能够对其上肢各关节进行有效的康复治疗。

2015 年，美国亚利桑那大学的研究人员研发了一款上肢康复外骨骼机器人 RUPERT（图 2-7a），这款外骨骼机器人拥有 5 个基础自由度（Degrees of Freedom，DOF），拥有测试模式、完全被动模式、合作模式 3 种治疗训练模式，可以协助进行肩部屈曲/伸展、肱骨旋内/旋外、肘部屈曲/伸展、前臂旋前/旋后、腕部屈曲/伸展锻炼。RUPERT 由气动肌肉致动器（Pneumatic Muscle Actuators，PMA）驱动，气动肌肉致动器具有与人的肌肉功能相似的特性，能够给予患者良好的使用体验。RUPERT 利用虚拟现实技术，实现三维空间运动可视化，并配置了 5 个角度传感器来捕捉患者上肢的空间动作信息，在患者康复训练过程中提供视觉和触觉反馈。2017 年，项目研究人员将功能性电刺激（Functional Electrical Stimulation，FES）技术融入 RUPERT 中，以电脉冲的形式来传递电荷以激活感觉运动系统。受试者临床治疗证明，搭配 FES 的 RUPERT 能够实现精确可控的手指关节运动，对上肢主动功能性训练如抓、握方面拥有较好的康复效果，能有效地促进脑卒中患者的上肢运动功能恢复。

上海傅利叶智能研发的一款力反馈上肢外骨骼机器人（图 2-7b），在力伺服控制技术方面采取变力场控制、动态连续减重、动态力跟随控制、力意图识别控制技术，根据力反馈信息对患者意图进行判断，自动调节关节幅度、速度，实现精准控制，满足不同伤残程度的患者的个体需求；在人机交互生机电一体化技术方面采取生物电信号检测、机械变阻尼调节、躯干姿态检测，实施反馈控制；在智能康复策略研究方面采取脑神经功能重塑、错误增强策略、被动力阻训练、主动助力训练，设备可拥有多种预设的运动轨迹和训练模式，能够根据患者的恢复情况设置相应的范围、阻力、运动速度等参数。使用上肢康复机器人可以进行高频率、高强度的康复训练，以促进神经重塑，完成运动再学习，增强患者运动能力；还能增强患者上肢肌力，进行功能性训练；同时，可以解放治疗师的双手，节省大量人力。

南京埃斯顿智能公司推出的 BURT（图 2-7c）系列上肢康复机器人，旨在帮助医疗机构为偏瘫和运动功能障碍患者实现高效的康复训练。可以实现肩部屈曲/伸展、旋内/旋外，大臂转动，肘部屈曲/伸展，前臂转动，腕关节屈曲/伸展运动辅助，能够适应不同患者的手部尺寸。设备设计时，将柔性传动系统与力反馈技术相结合，实现运动的平滑柔顺，增强人机交互感，并通过情景游戏互动的方式增加了运动的侵入感，使其在重复性任务训练中具有优秀表现。设备可以主动记录患者的相关数据，搭载多种配套训练模式和评估功能，显示出极高的机器人性能和可用性。

有别于下肢的大关节行走康复运动，在脑卒中等疾病导致上肢运动障碍的康复治疗中，由于手部关节小而精细，活动协调性要求较高，使得手部治疗方法有限。而运动想象治疗等心理疗法，其治

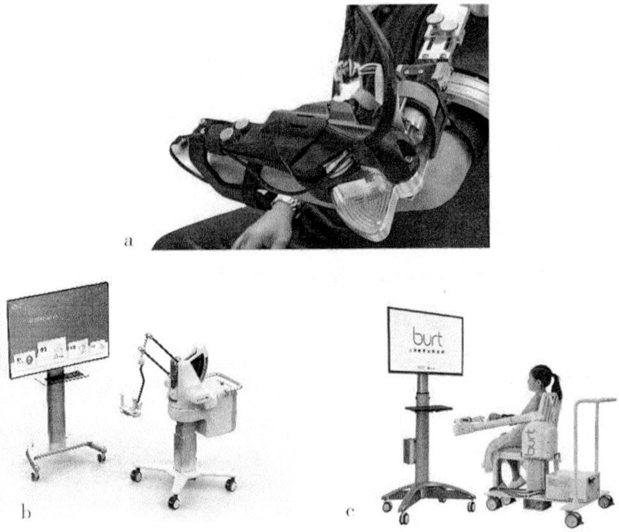

图 2-7　外骨骼机器人在上肢功能上的应用

a. RUPERT 上肢康复机器人　b. 傅利叶智能 ArmMotus EMU 三维上肢康复机器人　c. BURT 上肢康复机器人

疗原则是通过想象患肢像健康手一样运动而进行康复，这类似于双手“促进效应”。研究表明，人体四肢同时进行运动时的神经肌肉系统的恢复速度要远远快于单肢体运动，即在双手共同运动的状态下，能够更容易地将肢体控制的平衡从受伤的大脑同侧半球转移到对侧半球，并在大脑中重新调制脊髓通路；同时，搭配手部外骨骼机器人辅助患者完成手部、手腕的复杂康复训练，能够大大加快瘫痪肢体的恢复速度。

2. 在下肢的应用

下肢外骨骼机器人在人体下肢的应用类似于穿戴式仿生装置，它能够给予穿戴者的髋关节、膝关节和踝关节足够的支撑力，根据不同训练模式主动或被动地为患者提供辅助力。目前，下肢外骨骼机器人种类繁多，国内外生产厂家较多，主要分布在我国和欧美等发达地区，如以色列的 ReWalk Robotics 公司、美国的 Ekso Bionics

公司、日本的 Cyberdyne 公司、新西兰的 Rex Bionics 公司，以及大艾机器人、加禾智能科技、迈步机器人等中国企业。

日本筑波大学 Cybernics 研究中心于 2004 年推出第五代产品 HAL-5。HAL-5 采用肌电与预设定步态轨控制的混合控制方法为患者提供康复训练，并且在 2008 年实现市场化，2013 年获得全球安全认证后批量生产。HAL-5 是一款可穿戴式行走机器人，搭配地面接触力传感器、倾角传感器等传感器来采集关节运动数据以获取运动姿态。当使用者穿戴设备试图行走时，HAL-5 会在人体的皮肤表面捕捉到大脑通过神经系统向肌肉发送的肌电（Surface Electromyography，sEMG）信号以及传感器识别出的运动状态信号，通过激活伺服系统，驱动电动机迅速动作，来帮助使用者开展日常运动，甚至还可以帮助使用者完成攀爬、举重物等高难度动作。2017 年，德国波鸿鲁尔大学使用 HAL-5 对 20 余名急性 SCI 损伤患者和 69 名慢性 SCI 损伤患者进行了为期 3 个月的跑步机训练，训练后，所有患者的运动功能都得到明显改善。

以色列 ReWalk Robotics（RWLK）公司研发的下肢康复外骨骼机器人 ReWalk，针对脊髓损伤患者配备了特别设计的软件算法，可分析躯干倾斜传感器的信号并反馈给设备进行调整，能够协助下肢残疾人完成站立、行走、转弯、爬楼梯等日常运动。ReWalk 净重 20 千克，高度和宽度均可调节，踝关节处采用的是弹簧辅助被动驱动，髋、膝关节则采用的是电机主动驱动，可充电电池配置在臀部框架上，续航可达 160 分钟。2014 年，ReWalk 同时成为第一批由美国食品药品监督管理局（Food and Drug Administration，FDA）认证的医学外骨骼机器人。其临床试验中，对一名因脊髓外伤不能独立行走的患者进行了为期 6 个月的治疗观察，通过使用 ReWalk 进行康复训练，该患者已能够独立行走。

德国 Ottobock 公司推出的 C-BRACE 膝关节助力助行器（图 2-8a），采取计算机控制的方式，在承受负荷的情况下可帮助使用者完成屈腿，如坐下、在斜坡和崎岖路面上行走或交替下楼梯等运动。同时，智能仿生运动膝关节还具备其他诸多优点：小巧，可穿戴在衣服内；轻便，用户在行走时无须耗费过多体力。传感器技术让整个步态定式具有动态性、响应快速等特点。用户也可以使用智能手机应用程序更改关节设置，例如切换至骑行模式等。

我国北京大艾机器人科技有限公司推出了外骨骼机器人艾康 AiWalker（图 2-8b）和艾动 AiLegs（图 2-8c）。其中，艾动 AiLegs 主要用于截瘫患者的康复训练和助行。2018 年 11 月，我国截瘫患者邵海朋（T12 损伤）穿戴大艾外骨骼机器人以 9 天时间走完 42.2 千米（马拉松全程 42.195 千米），打破了外骨骼机器人行走马拉松的世界纪录。在 9 天马拉松行程中，沿“一带一路”行走，从新疆喀什、陕西西安直至北京。在打破马拉松世界纪录的进程中，大艾外骨骼机器人还创造了单日行走距离最长（9.7 千米）、高海拔零下 8 摄氏度极端环境中行走 7 千米等多项世界纪录。艾康 AiWalker 在艾动 AiLegs 的基础上，在后腰部加装了一个平衡安全支架，主要应用于偏瘫和四肢瘫痪患者的康复训练。艾康 AiWalker 也适用于运动员在下肢肌肉拉伤、非关节骨折情况下的体力恢复性、保持性训练。另外，大艾机器人近两年来又推出了新款外骨骼机器人艾行，该设备可针对下肢膝关节运动能力不足的用户，实时判断用户的运动意图，根据地面特征和周边地形环境变化，提供匹配其自身能力的运动助力，帮助用户激活肌肉力量和掌控步态姿势，实现优雅自然的快速行走运动。这款外骨骼机器人突破了智能生物感知与仿生步行、人机融合多模式混合控制等关键技术环节，辅助患者进行多模态行走。

不同于传统可穿戴式机器人通过支撑身体重量进行辅助的技术理念，远也科技（苏州）有限公司开发出世界首款更灵活、更轻便、更智能的肌肉外甲系统瑞行 Rego-ANK（图 2-8d），将人工智能算法、机器人技术、柔性材料设计、人体生物力学等技术有机结合，通过机器学习预测动作意图，让肌肉外甲高度协同身体并提供实时、按需给予的肌肉辅助，增强穿戴者行动时的肌肉表现，帮助他们更稳定、更轻松、更准确地完成身体动作。

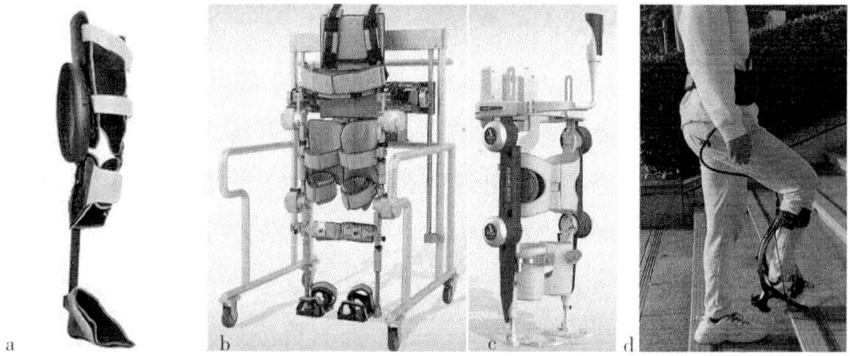

图 2-8　外骨骼机器人在下肢功能上的应用

a. 德国 Ottobock 下肢 C-BRACE KAFO 矫形器　b/c. 北京大艾机器人艾康 AiWalker 和艾动 AiLegs　d. 远也科技（苏州）瑞行 Rego-ANK

本节根据康复外骨骼机器人辅助位置的不同，将其分为上肢外骨骼机器人和下肢外骨骼机器人，并列举了具有代表性的康复外骨骼机器人产品，对其性能进行了对比分析。研究发现，当康复细小关节的外骨骼设备与康复肢体大关节的外骨骼设备结合使用时，康复效果会加倍。比如，手部康复外骨骼机器人和肘关节康复外骨骼机器人同时使用，能够加大对患者脑部神经的多方面刺激，有效缩短患者的康复周期。目前，为更好地对患者某一部位进行康复训练，外骨骼机器人将采用模块化设计，使用更高级的人工智能控制系统，并且支持单独使用某一模块。

（二）外骨骼机器人肢体功能康复基础训练

在现有的康复外骨骼机器人研究中，根据其配备的软硬件设备（机械传感器或生理电信号传感器）可以将训练模式分为被动、辅助主动和约束阻抗训练 3 种训练模式。以脑卒中患者的训练模式为例，患者的临床治疗可分为软瘫期、痉挛期和康复期。在软瘫期，主要对患者采用被动康复训练进行肢体活动治疗，外骨骼机器人要在保证患者安全的范围内，对患者肢体进行稳定、准确、有目的性的康复训练，使患者肢体被动地配合机器人运动训练；痉挛期是患者进行有意识的半主动康复训练阶段，此时患者恢复了一定的自主运动能力，可通过机械式传感器或生理电信号传感器来触发康复外骨骼机器人提供辅助力量。在训练初期，通过判断患肢的运动趋势和电信号，驱动系统适时减弱或关闭机器人对上臂的施力或力矩，使患者进行自主运动；而当患者无力维持运动时，机器人会主动带领患者运动。在康复期，患者的肢体力量和主动意识逐渐恢复，康复外骨骼机器人的主动助力便逐渐减弱。在患肢运动过程中，为提高对患肢的刺激强度，康复外骨骼机器人还会在适当的力度范围内进行约束阻抗力的训练，这有利于加快患肢及脑部中枢神经的恢复速度。

1. 被动康复训练

被动康复训练是指患者肌力不足以支配关节自主运动的情况下，在外骨骼机器人的带动下，牵引患肢关节进行温和、持续的周期性康复运动，从而促进关节肌肉功能性恢复，刺激软骨及周围韧带、肌腱的损伤愈合和再生长。例如，T-WREX 外骨骼机器人辅助手臂无力的儿童进行被动康复训练。患者在依靠康复外骨骼机器人运动时，通过被动运动可以有效地保持关节的活动度，促进血液循环以及防止肌肉萎缩，对脑卒中患者以及肌力严重不足的患者有显著的治疗效果。此外，外骨骼机器人在被动康复训练模式下的使用，可大大减轻理疗师的体力劳动，提高康复训练效率，并可对康复训练进行远程记录，有利于后期科学地、有计划性地为患者提供精准的治疗方案。

2. 辅助主动训练

在康复训练中，传统的外骨骼机器人往往采取以机器人为主动、患者为被动的训练方式，而实验表明这种方式对神经回路的刺激作用是有限的，使得重建大脑和肌肉运动之间的关联受限，恢复速度较慢。辅助主动训练模式一经提出，便有效解决了以上问题。辅助主动训练是指在被动康复训练的基础上，基于生理电信号传感器、机械式传感器的信号进行智能化人机交互，将被动式肢体训练提升到辅助主动训练。这不仅可提高患者身体的恢复速度，还能够赋予患者更多更高级的操作功能，使之可以根据自己的控制而运动。

支持辅助主动训练的关键因素在于实现实时的人机信息交互。这要求系统不仅要符合人体运动学的特性，适应机械结构的需求，还要具备快速且准确地响应患者运动意图的能力。通过这样的方式，系统能积极地鼓励患者主动参与训练，更有效地加快康复进程。为此，外骨骼机器人需要建立完善的人机交互方式，保证信息交互通路的宽度和深度，能随时监测各种生理信息，如脑电信号（Electro-encephalogram，EEG）、EMG、运动姿态、位置、运动趋势等，及时反馈机体运动状态与各种人机交互参数信息。而机械式传感器又包括力敏电阻器（Force Sensing Resistor，FSR）或电容式压力传感器（Capacitive Pressure Sensor，CPS）、式足底压力传感器、惯性传感器（包括陀螺仪、加速度计、磁罗盘以及倾角传感器）以及拉压力传感器等，它们都能够通过检测患肢的主动力并实时反馈为其提供助力，帮助患肢实现康复运动。患者在使用外骨骼机器人产生动作意识形成生理电信号或有运动趋势时，在传输过程中仍然存在误传或误判信息的情况，因此，目前大多数辅助主动性训练康复系统在给予患者使用时，都需要大量的实验数据进行训练分类模型。构建一个具备有效反馈功能的分类模型，对于康复外骨骼机器人的应用至关重要。这种模型能够确保在多个患者使用同一台机器人时，避免因个体身体差异而导致的信息误判。同时，它还能解决由于患者个人状态不稳定等因素造成的信息传输错误问题。通过智能化的人机信息交互，我们可以实现外骨骼机器人的预期运动功能，帮助患者达到所思即所得的理想运动控制效果。这不仅能充分发挥外骨骼机器人在康复训练中的作用，还能极大地提升患者的自信心，增强他们的心理建设。而医师也可以通过观察患者传输的生物信号、运动趋向特征及运动曲线等多种反馈信息来调节患者的康复计划，帮助患者康复。

3. 约束阻抗训练

外骨骼机器人的约束阻抗训练是一种康复训练方法，该方法通过外骨骼机器人对患者肢体施加一定的约束和阻抗，引导患者完成特定的运动任务。在约束阻抗训练中，外骨骼机器人会根据患者的运动意图和实时反馈，调整施加在患者上肢上的力量和阻抗，以模拟不同的运动环境和难度。这种训练方法可以激发患者的主动运动意愿，促进其神经肌肉系统的重塑和康复。与传统的康复方法相比，外骨骼机器人的约束阻抗训练具有更高的精度和可重复性，可以根据患者的个体差异和康复需求制订个性化的训练方案。

在患者的后期康复训练中，通常会进行约束阻抗训练来增加患者的运动能力和信号传递能力。该模式通过接收到的患者的生理信号或运动姿态信息，运用阻尼式或弹簧式控制装置来进行主动的约束阻抗训练，相比于其他模式，被动约束阻抗训练更有益于获得性能的改善和皮层的重组。临床试验表明，外骨骼机器人在进行辅助康复训练时，一旦患者发力位置不当或控制的目标不易确定时，就会出现下肢痉挛、抖动等异常的肌肉活动，容易造成患肢与外骨骼机器人之间过度对抗，从而导致患肢二次受伤。因此，阻抗控制还能够在训练任务的特定阶段自动调节机器人的阻抗，以此调节和控制机器人与环境的动态交互作用，保证康复训练的安全性。

第二节　外骨骼机器人的伤残康复理论基础

伤残康复是一门关注残障个体恢复功能、提高生活质量的学科。在这个领域，外骨骼机器人以其独特的技术和理论基础成为一种有力的康复工具。本节将深入研究外骨骼机器人在伤残康复中的理论基础，包括工作原理、安全有效性研究、临床康复验证等方面，以解析其对伤残患者康复的理论支持和实践应用。

一、外骨骼机器人的康复理论基础

外骨骼机器人康复训练功能有两类核心功能。其一为运动训练功能，可实现单关节及多关节的被动训练、主动运动、阻抗运动等多种模式训练；其二为站立步行训练功能，可实现全方位的站立及步行标准化训练，包括站立训练、减重康复行走训练、步态运动反馈训练、步态姿势重塑训练。当前，各厂家生产的外骨骼机器人一般具有精准适配功能，即在几何尺寸上能根据穿戴者的身形情况进行调节，以供不同身高和体重患者多人使用。由于各厂家产品调节结构和方式的不同，使其在调节快速性、匹配精准性等方面存在差异。另外，在康复训练方案的精准匹配性方面，各厂家也根据对康复医学、生物力学的理解，分别提供了适应不同病程、不同病种的训练步态，用于不同患者的康复训练。根据提前规划好的仿生步态数据，控制穿戴者大、小腿以仿人的自然步态节律配合动作进行康复训练，具有准确合理助力、正确步态引导、全方位保护、身体支撑等特性。

下肢外骨骼机器人系统对脑卒中患者步行功能的改善作用的理论解释，涉及下肢肌力的保持、平衡功能的训练、中枢整合能力的提高、运动模式的重塑等，通过大量重复、精确的运动训练使脑卒中患者恢复步行功能。但其作用机制尚不明确，目前较公认的理论或学说主要包括基于中枢模式发生器理论、神经系统可塑论与功能重组、运动控制动力系统学说、强制性主动使用理论等。

（一）基于中枢模式发生器理论

中枢模式发生器指产生节律性动作的神经回路，由脑干和脊髓神经元相互连接而成，通过神经肌肉耦联和运动反馈系统使神经元之间相互抑制发出稳定的周期信号，在无意识控制的情况下产生节律性肌肉动作；同时，高级神经中枢的参与可提高运动模式的可塑性、准确性和协调性。

基于这一理论，在外骨骼机器人约束阻抗训练中，可以借鉴中枢模式发生器理论，设计出一个模拟人体运动的中枢模式发生器模型。这个模型可以根据患者的运动意图和实时反馈，生成相应的节律性运动信号，从而驱动外骨骼机器人对患者施加约束和阻抗。通过这种基于中枢模式发生器理论的外骨骼机器人约束阻抗训练，可以更好地模拟人体的自然运动模式，激发患者的主动运动意愿，促进神经肌肉系统的重塑和康复。同时，由于中枢模式发生器具有内禀性，可以在没有感觉信息和下行信号信息输入的情况下产生自动节律信号，因此这种训练方法还可以在一定程度上减少对外部传感器的依赖，提高训练的灵活性和适应性。

（二）神经系统可塑论与功能重组

神经系统具有可塑性，中枢神经系统损伤后，大脑通过“突触修剪”重建神经回路。神经可塑性是脑卒中患者运动功能改善的基本机制，是指大脑在损伤后发生的能够适应学习、记忆、环境和康复的结构和功能变化。

康复机器人的设计初衷是弥补传统运动疗法运动强度的不足，为患者提供特定的、重复的步行练习，促进肌肉激活协同效应和神经可塑性。有文献报道，人类步态是相对机械化的过程，步行训练时间和步行能力呈正相关，机器人高强度、重复的步行训练能够提高步行能力。在脑卒中康复中，运动训练被认为是一种有效可行的康复策略，通过促进神经可塑性来促进运动功能的恢复。以神经可塑性为基础，下肢外骨骼机器人促进脑卒中患者运动康复主要是运动再学习理论倡导对损伤肢体进行重复的、渐进的、主动参与性的练习，通过运动控制和学习诱导神经网络发生可塑性变化。在临床应用中，运动再学习理论强调任务导向，利用具体的训练项目，通过一定强度的练习反复强化，促进运动能力恢复。越来越多的证据表明，高强度、重复性、特定任务导向性练习能够促进脑卒中患者功能恢复，通过不断学习和储存正确的运动模式，促进大脑皮质重塑和功能重组。

2018 年 4 月，意大利米兰大学一项刊登在《神经科学前沿》（*Froniters in Neuroscience*）杂志上的研究成果显示，14 天不具有反力刺激的轻微下肢活动，与具有力刺激的下肢行走运动相比，脑部的神经干细胞数量、增殖、分化分别减少 70% 以上，即对于运动严重减少的下肢运动障碍患者而言，若能使其进行具有反力刺激的足量行走运动，将会增加其脑部神经干细胞的数量、增殖、分化。由于人类行走受大脑支配，因此具有一定运动量累积的并具有地面反力刺激的仿人直立行走，对脑部的重塑有重大意义，是下肢运动功能障碍患者行走能力康复的关键。

（三）运动控制动力系统学说

运动控制动力系统学说是关于运动控制的理论，它强调了动力系统在运动控制中的重要作用。该学说认为，运动控制不仅是由大脑发出的神经指令决定的，还受到身体内部各种动力和阻力的影响。在运动控制动力系统学说中，动力系统包括肌肉、骨骼、关节等运动器官，以及与之相关的神经、内分泌等调节系统。这些系统相互作用，共同决定了身体的运动状态。当大脑发出运动指令时，动力系统会根据指令的要求和身体内部的状态，产生相应的力和运动。此外，运动控制动力系统学说还强调了环境中的各种因素，如重力、摩擦力、外力等，都会对身体的运动产生影响。因此，在运动控制中，需要不断感知和调整身体与环境之间的相互作用，以保持身体的稳定和运动的准确性。脑卒中后，大脑结构的病理性改变并不意味着其功能完全丧失。通过反复感受正确步态、增加感知觉输入以增强主动运动，可以促进神经电生理信号传导，提高运动控制能力，促进步行功能的恢复。

（四）强制性主动使用理论

强制性主动使用理论是一种康复治疗方法，特别是在脑损伤后的上肢功能恢复中被广泛应用。该理论基于大脑的可塑性和功能重组能力，通过强制性地限制健侧上肢的使用，同时诱导患侧上肢进行主动活动，促进患侧上肢的功能恢复。强制性主动使用理论的核心思想是通过限制健侧上肢的功能，迫使患者更多地依赖和使用患侧上肢。这种强制性的主动使用可以激发患者大脑皮层重组，增强患侧上肢的神经肌肉控制，改善运动协调性和精细动作能力。

中枢神经系统损伤后，患侧肢体灵活性较差，患者习惯性使用健侧会导致患侧肢体负反馈增强，产生习得性废用。下肢外骨骼机器人系统通过强制性主动运动，激活患者大脑皮质和脊髓的运动中枢，扩大健侧皮质支配的下肢区域，同时促进患侧皮质产生新的募集，维持患侧下肢肌力，降低患侧肢体的异常反射，逐步增强患侧肢体恢复潜力，改善步行能力。

（五）协调控制能力重建理论

协调控制能力是指个体在执行复杂运动时，能够协调和整合多个肌肉群与关节的运动，以完成流畅、准确和高效的动作。协调控制能力重建理论主要关注个体在经历神经损伤（如脑卒中、脊髓损伤等）后，如何重新建立或恢复其协调运动控制能力。

依据人体运动生物力学原理，正常人能实现正确姿态行走的根本原因是：正常人具有调动下肢运动肌群动态配合，给出行走和支撑所需正确的刚度、力量及出力方向的能力。这种能力使正常人静态站立时能保持平衡和支撑，在地面动态行走时能一边保持动态刚度实现对人体的支撑，一边驱动下肢实现行走。这也是正常人与运动功能障碍患者行走能力的最大区别。因此，对于肌群的正确协调控制能力的训练才是提升下肢残障患者运动能力的有效手段。外骨骼机器人正是基于这个需求，以带动患者实现真实路面上仿人正常行走的训练模式，进行患者行走运动肌群的全局协调训练的。

外骨骼机器人在与穿戴者髋、膝、踝关节转动中心同一水平轴线上配置了可驱动的旋转轴，在相邻轴之间连接了刚性连接杆件、支撑杆件，当这些旋转自由度被适当的转矩 $\tau 1$、$\tau 2$、$\tau 3$ 驱动时，机器人的髋、膝、踝关节随之转动，进而在穿戴者腿部绑带及足部产生相应的力 F1、F2、F3（图 2-9）。外骨骼机器人控制力 F1、F2、F3 的大小、方向及配合节律，使机器人走出接近正常人的行走步态，实施对穿戴者的仿人行走控制和动静态刚性支撑，实现对穿戴者下肢运动肌群的全局协调能力训练。

理论指导实践。在实际的应用过程中，我们看到这些理论结合

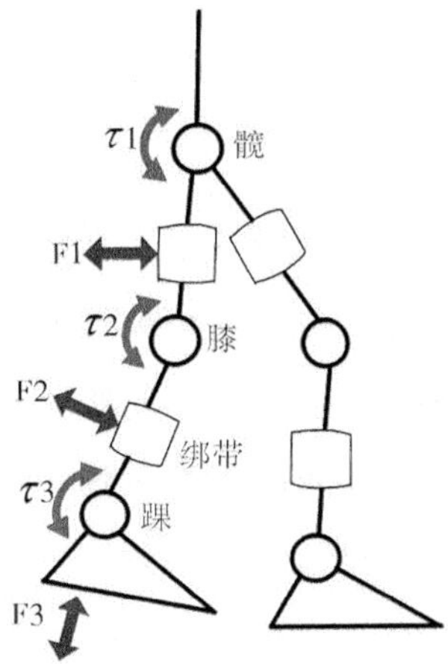

图 2-9　外骨骼机器人辅助行走示意图

技术直接或间接地应用在伤残患者康复治疗中。比如，镜像疗法以神经可塑性理论和镜像神经元系统为基础，其中镜像神经元是指能够直接在观察者大脑中映射出别人的动作、意图、情绪等的一类具有特殊映射功能的神经元，所有镜像神经元构成了镜像神经元系统，提供统一动作感知和动作执行的“观察-执行匹配机制”。该系统不仅在个体执行动作时兴奋，而且在观察其他同类执行相同或相似动作时也兴奋。因此，镜像神经元在动作观察、动作模仿、运动想象、运动再学习等过程中起重要作用。基于镜像神经元系统的镜像疗法可以很好地应用在上肢和下肢康复机器人中，用于治疗幻肢痛、复杂性区域疼痛综合征、脑卒中、周围神经损伤、偏侧脑性瘫痪、单侧忽略等病症。以上肢为例，新型的镜像疗法通过传感器实时获取患者健侧运动数据，外骨骼机械手根据健侧运动数据辅助患侧手臂运动，实现了患侧镜像跟随健侧运动，即健、患肢双侧同步镜像运动训练。外骨骼机械手辅助患侧运动，一方面比基于镜子的方式来得更真实，患者看到自己的患侧在运动，增强了康复信心；另一方面避免了由于患侧肢体的肌力以及耐力不足，导致患侧肢体不能活动或长时间活动的问题。

二、外骨骼机器人的安全性和有效性研究

外骨骼机器人已经被广泛地应用于脊髓损伤和脑损伤患者的康复治疗。目前，外骨骼机器人不仅在步行能力提升方面展现出积极的康复效果，还在改善偏瘫步态、调节肌张力、增强心肺功能、预防骨质疏松、减少压疮等方面起到积极的作用。而不同品牌的外骨骼机器人由于结构设计和控制策略的差别，其临床应用的效果和优势也各不相同。围绕不同产品和服务展开的外骨骼机器人的安全性和有效性研究，是当前康复医学和机器人技术领域的热点之一。

外骨骼机器人的安全性是至关重要的，因为它直接关系到患者的身体健康和生命安全。在安全性研究方面，除了设备机械结构、电器、软件和系统鲁棒性要求，临床方面主要关注的是使用的适配性、处方和治疗方案、操作流程以及可能产生的不良事件。

外骨骼机器人的有效性是指其在帮助患者恢复运动功能方面的实际效果。在有效性研究方面，主要通过系统性临床试验验证设备的优越性和实用性，通过运动功能评定、生活自理功能评定、生理指标评定来确定患者的康复进展。此外，还需结合患者满意度调查等因素评判患者的使用体验和使用价值。

（一）安全与风险研究

外骨骼机器人的安全与使用风险涵盖内容广泛。在产品设计制造方面，研究者需要关注机械故障风险、电器安全风险、人机交互风险等。而在产品的推广和测评领域，则需要关注外骨骼机器人的安全标准和规范、安全性的测试和评估，以及使用者的培训和教育等。在临床和居家康复训练中，则需密切注意各类不良事件的发生。

外骨骼辅助训练引起的不良事件主要包括皮肤擦伤、踝关节肿

胀、肌肉酸痛、头晕、扭伤、疲劳等。其中，最常见的不良事件是皮肤擦伤，特别是足跟与膝关节下方处的擦伤。极度疲劳、跌倒、骨折或肌肉拉伤等虽然较为少见，但一旦发生，后果可能较为严重。这些不良事件发生的原因往往与缺乏外骨骼使用经验有关。

1. 穿戴不适

以 Lokomat 机器人为代表，在其使用情况报告中提到，机器人需要根据患者的下肢长度来调节外骨骼的长度，以保证关节的对齐。然而，由于长度测量和调节均为手动，且下肢长度较难测量，因此关节对齐难度往往较大，易出现穿戴不适的问题。国内外不少研究报告也认为，穿戴不适可能是使用外骨骼机器人面临的主要问题。这种穿戴不适包括髋关节、膝关节的生理转动中心与实际设备转动相差较大，以及患者的体形、身高、腿长与设备不匹配等问题。长时间使用外骨骼机器人后，不适感可能会加剧，甚至达到不可接受的程度。

2. 皮肤发红、擦伤、刺激、疼痛

全球各地康复治疗团队在外骨骼机器人的临床应用研究中，均记录了多项关于外骨骼机器人使用后出现皮肤红肿疼痛的不良事件。例如，Benson 团队在研究下肢外骨骼机器人在慢性脊髓损伤患者康复的可行性中，发现两例参与者出现皮肤反复损伤的问题。Yang 团队在研究中也发现，脊髓损伤住院患者在进行院内步行速度和动力外骨骼辅助水平的评估时发生了 13 次轻微的皮肤擦伤，之后通过增加接触面柔软垫片和调整设备才得以解决。Kelley 等在使用机器人辅助体重支撑跑步机进行运动训练的研究中发现，有患者持续出现皮肤损伤，分析可能是由于训练速度和持续时间的快速增加，以及不正确的屈膝姿势导致的。同样，卢明毅等在脊髓损伤致下肢运动功能障碍康复中的临床应用进展研究中也发现，患者在训练过程中出现轻微的皮肤损伤。Esquenazi 等在运动疗法干预措施的比较研究中，有 4 例患者报告皮肤受到刺激和出现疼痛。Kelley 等在成人慢性脑卒中患者的地面和机器人辅助运动训练研究中发现，有 5 例参与者出现皮肤红肿或破损，发现是绑带摩擦导致的。Borggraefe 等在进行机器人辅助治疗步态障碍儿童的研究中发现，有 12 例患儿出现皮肤红斑，4 例患儿出现开放性皮损，皮肤红斑和开放性皮损仅见于小腿矫形器绑带部位。Tefertiller 等使用动力外骨骼机器人治疗脊髓损伤的研究中，大多数与设备相关的不良反应是皮肤发红、轻微擦伤、轻度关节水肿或小腿和髋部轻度瘀伤，有 1 例患者由于压力和摩擦导致右侧大腿出现水疱。皮肤损伤类作为最常见的不良事件，相对集中。以上研究表明，即使安装了绑带并增加了额外的填充物，Lokomat 参与者也会发生皮肤破裂，特别是身体较虚弱的患者，出现问题的概率更大。因此，对皮肤相关并发症高危人群进行机器人辅助治疗时，应重点考虑对其皮肤完整性的保护。

3. 感染、骨折

在外骨骼机器人的使用过程中，感染和骨折也是不容忽视的风险。在 Xiang 等进行的康复机器人外骨骼辅助脊髓损伤后下肢运动完全性损伤研究中，不良事件中的泌尿系统感染患者占 7%，上呼吸道感染者占 7%，患上结膜炎者占 4%，皮肤完整性事件占 4%，足部骨折者占 4%。此外，国内一家头部外骨骼机器人企业在售后问题总结中也提到了 2 例脊髓损伤患者在使用外骨骼机器人训练后加重了异位骨化现象，甚至有多达 30% 的患者因过度使用外骨骼机器人训练造成足部浮肿和踝部骨折。

4. 皮肤溃疡、关节扭曲

在 Husemann 等进行的机器人步态矫形器辅助步行训练对脑卒中后偏瘫患者的研究中，出现 2 例轻微皮肤溃疡和 1 例踝关节扭曲的情况，但无永久性损伤。

5. 膝关节疼痛

在 Geigle 等进行的运动不完全性脊髓损伤患者在机器人辅助体重支持的跑步机训练研究中，有患者出现轻微的膝关节疼痛和安全带不适，其中安全带不适在重新定位后得到解决。

6. 腿部疼痛

在 Hornby 等进行的慢性脑卒中患者治疗师与机器人辅助运动训练后步态相关改善的随机对照研究中，在机器人训练过程中有 2 例患者因腿部疼痛中断，1 例患者出现凹陷性水肿，1 例患者出现行动受限。

7. 骨折相关风险

在 Van Herpen 等使用动力外骨骼进行的研究中，有 1 例患者的外骨骼意外关闭，由于患者下肢关节与外骨骼关节没有对齐，导致其左胫骨骨折；另有 1 例患者右胫骨远端发生意外骨折。在 Benson 等进行的慢性脊髓损伤患者下肢外骨骼的可行性研究中，有 1 例患者发生暂时性脚踝肿胀以及距骨细微骨折。在 Filippo 等进行的不完全性脊髓损伤患者机器人训练研究中，患者在第 19 次治疗开始时发生左膝前区疼痛，磁共振成像证实其胫骨前内侧横形、斜形、干骺端近端发生骨折。

8. 凹陷性水肿

在 Hornby 等进行的慢性脑卒中患者治疗师与机器人辅助运动训练后步态相关改善的随机对照研究中，有 1 例患者出现凹陷性水肿。

9. 自主神经反射障碍

在 Geigle 等进行的运动性不完全性脊髓损伤患者在机器人辅助体重支持的跑步机训练研究中，有患者报告体力疲劳，并在之后表现出自主神经反射障碍。

（二）有效性研究

国内外各类康复机构开展了多项外骨骼机器人有效性研究，通过这些研究，我们发现比起传统治疗方法，外骨骼机器人在提升步行能力、矫正异常行走姿势、缓解肌肉痉挛、预防并发症、改善心肺功能等方面均展现出显著的效果。外骨骼机器人是典型的医疗器械，许多外骨骼机器人生产企业均开展了不同程度的临床试验（表2-2），并探讨了外骨骼机器人的使用有效性。

表 2-2　典型外骨骼机器人生产企业的临床试验

设备名称	ReWalk	Ekso	Indego	AiWalker & AiLegs
受试者特征	截瘫患者（31例全部为A-B级，C7－C8，T1-T12）	截瘫患者（35例 A－B 级，21 例C-D级，C1-L1）	截瘫患者（45例A-C级，T3-L2）	截瘫患者（40例，AIS A－C 级，T6－L2）
试验类型	开放式、非对照、非随机临床试验	开放式、非对照、非随机临床试验	开放式、非对照、非随机、多中心临床试验	多中心、自身对照（对照产品：髋膝踝足矫形器 HKAFO）
评价指标	6分钟步行距离、10米步行时间	6分钟步行距离、10米步行时间、心率与血压	10米步行测试、600米步行测试、timed up－and-go 测试，其他等级评分	6分钟步行距离、平均心率增加率
训练时间次数	训练大约8周，共计24次，每次60~90分钟	训练 12～13周，共计27次的训练	共计27个周期的训练，单次训练时间依据患者实际情况确定	训练不超过4周，共计40～60次训练，每次40分钟

续表

设备名称	ReWalk	Ekso	Indego	AiWalker & AiLegs
试验结果	26 例受试者完成了 6 分钟步行距离测试，步行距离为 0~100 米；20 例受试者完成了 10 米步行时间测试，步行时间为 10~163 秒钟	临床结果显示，经过外骨骼康复训练，10 米步行时间由初始的 66 秒钟下降到 40 秒钟；训练过程中，患者平均心率略有上升但平均血压保持稳定	所有患者在经过训练后都能完成 TUG 试验 T3-T6 的受试者 10 米平均速度为 0.35 米/秒钟，全部能完成 600 米步行试验。T7 及以上的受试者 10 米平均速度为 0.38 米/秒钟，92% 的患者能完成 600 米步行试验	临床结果显示，6 分钟步行试验平均距离：134 米（AiWalker）、79.30 米（AiLegs）、48.74 米（HKAFO）、6 分钟步行中平均心率增加率：4.32%（AiWalker）、40.80%（AiLegs）、63%（H-KAFO）。穿戴外骨骼机器人步行距离明显高于 HKAFO 且体能消耗更低

1. 提高步行能力

下肢外骨骼机器人能够辅助脊髓损伤、脑卒中患者进行长时间的地面步行训练，提高患者的步行速度与步行效率。

Nam 等对慢性脑卒中患者进行了 4 周外骨骼机器人步行训练（每次 30 分钟，每周 5 次），治疗结束后，患者 6 分钟步行距离从 90.57±69.22 米增加到 110.36±77.01 米，步行速度和功能步行等级亦有明显改善。Yoshikawa 等开展了一项随机对照研究，试验组接受 20 分钟 HAL 外骨骼步行训练和 40 分钟常规物理治疗，而对照组接受 60 分钟常规物理治疗。经过 20 次步行训练后，HAL 组和对照组 10 米最大步速分别为 61.4±26.6 米/分钟和 50.1± 25.0 米/分钟，步长分别为 0.56±0.17 米和 0.47±0.17 米，HAL 组较对照组有明显改善。

HAL 在其 FDA 注册的临床试验文件中显示：在一组非对照、非随机开放的临床试验中，55 例 AIS C-D 级 、损伤平面在 T1 及以下、平均病程 6.85 年的截瘫患者进行 90 天（5 次/周）的外骨骼机器人康复训练，训练前后受试者在不穿戴外骨骼机器人的情况下，其 6 分钟步行试验的平均距离由 97.1 米提升至 146 米，10 米步行的平均时间由 70.34 秒钟降低到 35.22 秒钟，行走运动功能恢复显著，6 分钟步行距离显著增加。大艾机器人在产品注册的临床试验中，有多例截瘫患者经过康复机器人的训练，实现了由训练前的无法独立行走，到训练后不穿戴外骨骼机器人使用肘拐的长时间、快速行走。结果反馈，不完全截瘫患者、偏瘫患者应用外骨骼机器人进行长时间的真实地面行走康复训练，能够促进其自身的步行速度与步行效率的提升。

2. 矫正异常步态

外骨骼机器人通过智能的步态支持系统，能够模拟和辅助患者自然的步行过程。对于下肢功能减退的患者，机器人通过精准的控制，协助患者完成步态动作，从而改善患者的行走能力。这种步态模拟有助于让患者重新建立起正常步行的记忆和能力。外骨骼机器人在康复过程中能够根据患者的特定状况进行步态调整。通过感知系统实时获取患者的运动数据和生理信号，机器人能够个性化地调整步态参数，满足患者康复的个性需求，从而更好地改善步态异常。

偏瘫患者步行以步态缓慢、效率低下和步态不对称为特征，足下垂是造成偏瘫患者异常步态的重要原因，特别是在步态周期的推进和摆动阶段，其影响非常明显。Wang 等通过运动三维步态分析评估外骨骼机器人训练对脑卒中患者步态功能的影响，其结果显示，患侧下肢伸膝推进力、膝关节屈曲和髋关节外旋角度，健侧下肢支撑相及双支撑相较治疗前改善明显，功能步行评分、脑卒中下肢病损伤评分、步频、患侧单腿支撑相均有显著提高。有文献报道，卒中后步态不对称与行走代谢成本的增加有关，步态训练后步态速度和空间不对称性的改善有助于提高脑卒中患者的能量代谢效率。Watanabe 等通过一组 22 例亚急性脑卒中偏瘫患者的随机对照试验，证明单侧外骨骼机器人的康复训练相比于对照组的常规训练，患者的下肢运动节律，行走左右腿的对称性、平衡性都有了统计意义上的显著提高。大艾机器人在进行临床试验中，也发现下肢外骨骼机器人 AiWalker 能促进偏瘫患者下肢运动对称性与平衡性的显著改善。

Lee 观察了髋关节辅助机器人训练对慢性脑卒中患者步态对称性与能量代谢的相关性，发现经过 4 周髋关节机器人辅助训练后，患者患侧肌肉做功与健侧肌肉做功比、步态对称性较治疗前明显改善，并发现净代谢成本的降低与步态对称性存在显著相关性，即步态对称性越好，步行代谢成本越低。因此，在临床实践中可以通过康复机器人诱导更对称的步行训练，矫正偏瘫步态，降低步行的代谢成本。

3. 缓解肌肉痉挛

肌肉痉挛为脊髓损伤、脑卒中、脑瘫等常见并发症，表现为肌张力异常增高，可引起疼痛、挛缩、肢体姿势异常和功能受限。机器人可以为患者提供更密集和可控的生理步态训练，增强对痉挛肌肉的牵拉作用，促进主动肌-拮抗肌协同收缩，缓解下肢的痉挛状态。大艾机器人在 CFDA 临床注册试验中，观察到多例脊髓损伤患者使用外骨骼机器人 AiWalker 康复训练对截瘫患者肌肉痉挛有显著改善的案例。Park 等研究显示，机器人重复性的步行训练能够缓解下肢伸肌共同运动模式，减轻下肢痉挛。Lewandowska 等研究发现，下肢机器人训练能够增强下肢肌肉力量，缓解下肢伸膝肌群痉挛，且痉挛缓解幅度明显高于常规治疗。在 ReWalk 的一组外骨骼机器人临床试验中，13 例患者完成痉挛等级测试，其中 1 例患者痉挛等级升高、4 例患者痉挛等级降低、8 例患者无变化。Molteni 在 23 例患者使用外骨骼机器人 Ekso 进行康复训练的临床观察中，发现亚急性期患者痉挛程度有显著改善。

4. 改善心肺功能

由于长期卧床或功能受限，脊髓损伤、脑卒中患者体力活动严重不足，易出现心肺功能下降、运动耐力差等并发症。相关数据显示，脑卒中患者最大摄氧量仅为同龄健康人群的 50%。耗氧能力已被报道与卒中后患者的功能恢复相关。然而，脑卒中患者活动受限，无法进行传统的有氧运动训练，下肢机器人则为脑卒中患者早期有氧运动提供了可能，通过站立行走主动功能训练，可促进血液循环、改善心肺功能，已有研究将其应用于改善脑卒中患者心肺功能。

Jiang 等完成了 C3 / C4 级不完全损伤截瘫患者在使用辅助直立行走型外骨骼机器人 Angelegs 进行康复训练前后的代谢水平和耗氧量临床研究。结果显示，经过 6 周的康复训练，患者的耗氧量从 1208. 1 毫升下降到 903. 3 毫升，患者的心肺功能得到显著增强，且无不良事件报告。胡安龙等将 32 例患者随机分为机器人组和常规治疗组，探讨了 Flexbot 机器人对脑卒中患者心肺功能的影响及其应用过程中的安全性。结果显示，训练 8 周后，机器人组的最大摄氧量为 21. 1±5. 2 毫升/千克 · 分钟，显著高于常规治疗组的最大摄氧量 16. 1±5. 3 毫升/千克 · 分钟。研究过程中，患者生命体征平稳，未见不良反应。Stoller 等发现，经过 4 周机器人步行训练后，脑卒中患者峰值摄氧量增加 17. 8%。Chang 等观察了下肢康复机器人对脑卒中患者心肺耐力的影响，结果显示，经过为期 4 周的 Lokomat 下肢机器人训练后，患者最大摄氧量提高了 12. 8%，Fugl-Meyer 下肢运动评分也显著提高。因此，外骨骼机器人可以安全、有效地应用于脑卒中患者的康复训练，有效提高患者的心肺功能。

5. 平衡协调能力提升

平衡问题是伤残患者经常面临的挑战之一。外骨骼机器人通过精密的传感器和智能控制系统，能够实时监测患者的身体平衡状态，并提供相应的支持。通过调整关节的力矩和稳定性，外骨骼机器人帮助患者维持良好的平衡，减少跌倒风险。外骨骼机器人在康复过程中还注重协调性的改善，通过控制关节的运动轨迹和力度提供协调性训练，促使患者不同肢体间的协同运动，有助于提高患者的整体协调性，减缓肌肉萎缩。

平衡功能障碍会导致脊髓损伤，脑卒中患者坐、站、转移和行走的能力受限，并增加跌倒的风险。外骨骼机器人地面步行训练对脊髓损伤、脑卒中患者平衡功能产生积极作用。Wright 等将 32 例偏瘫患者随机分为 Alter G 机器人组和传统物理治疗组，分别进行为期 10 周的训练。结果显示，Alter G 机器人组 Berg 平衡量表得分为 40. 9±9. 6 分，改善为 45. 5±9. 0 分，且明显高于传统物理治疗组，表明外骨骼机器人对患者平衡功能有更好的治疗效果。Lin 等应用一款外骨骼机器人（MRG-P100，HIWIN）进行 15 次步行训练，结果发现，患者 Berg 平衡量表评分增加 13. 5±13. 9 分，姿势量表评分亦增加 9. 2±6. 2 分，表明患者躯干控制和平衡功能较治疗前有明显好转。

6. 减缓骨质疏松与关节肌肉挛缩

通过外骨骼机器人帮助患者经常进行大运动量站立负重行走训练，能够防止骨质疏松 ，同时对于长期坐卧患者，适度的站立行走训练能够减少肌肉挛缩。L. E. Miller 等提到，截瘫患者随着外骨骼机器人 HAL、Ekso 或 Indego 间歇性的站立或习惯性的步行运动，通过肌肉负载的作用力，可以有效降低骨密度的降低速率，同时增加血液循环，促进肌肉增长，减缓肌肉挛缩截瘫并发症异位骨化可导致的关节挛缩。在大艾机器人的外骨骼机器人临床应用中，也观察到 AiWalker 能够改善膝关节的被动活动度。

7. 降低压疮发生率，改善二便功能

L. E. Miller 等提到，截瘫患者随着外骨骼机器人 HAL、Ekso 或 Indego 间歇性的站立或习惯性的步行运动，通过站立能够减轻长期卧床或坐轮椅产生的压疮，同时改善排便规律；通过站立步行，可有效降低压疮感染，同时促进胃肠蠕动，提升消化功能，促进二便功能改善。大艾机器人的 CFDA 临床试验也有同样的发现。

8. 中枢神经功能重塑机制的临床研究

外骨骼机器人对下肢功能障碍患者进行康复训练的一些临床研究表明，外骨骼机器人康复训练能一定程度上重塑中枢神经。美国杜克大学“再次行走神经康复计划”（Walk Again Neurorehabilitation Program，WANP）基于“外骨骼机器人+脑机接口+上肢振动感知”开展神经康复训练，构建针对脊髓损伤患者的闭环神经反馈调节系统，建立截瘫患者的下肢—机器人神经感知新通路，使截瘫患者大脑相应神经获得步行运动的直接刺激，激发大脑相关神经的重塑。在该计划中，8 例 SCI 损伤 3～13 年患者（其中，7 例完全损伤和 1 例不完全损伤）经过 12 个月的训练后，50%的患者由完全性脊髓损伤改善为不完全性脊髓损伤，多节段的疼痛定位、精细触觉、粗触觉和本体感觉等得到明显改善，某些关键肌肉的自主运动控制能力也得到不同程度加强，下肢痉挛程度都有所下降，其中 1 例患者实现了使用助行器支架的行走（不穿戴外骨骼机器人）。该研究假设，这种前所未有的神经系统功能修复，是由长期的脑机接口+外骨骼机器人训练引发的皮质层和脊髓的可塑性代偿引起的。

第三节　不同类型患者使用外骨骼机器人的临床专家共识

随着下肢外骨骼康复机器人为临床医生所接受，在运动功能康复中的应用和探索逐渐增多，对下肢外骨骼康复机器人临床应用（适应证和禁忌证、作用参数、操作流程、治疗安全性）以及临床应用推荐（偏瘫、截瘫、骨关节疾病、儿童疾病和其他系统疾病）等，需要进一步规范。

本节引用《康复学报》2023 年发表的《下肢康复机器人临床应用专家共识》一文，为大家介绍康复行业的临床专家推荐。此专家共识由国内康复医学及机械电子工程领域专家共同讨论并确定本共识的相关问题，再由从事下肢康复机器人研发的 6 名机械工程、智能医学工程领域专家，以及从事下肢康复机器人临床应用的成人脑卒中、脊髓损伤、骨关节疾病、其他神经肌肉系统疾病领域以及儿童康复领域共 17 名专家进行系统检索临床研究证据、评估临床证据等级，最后通过讨论，共同确定临床证据等级及推荐级别。

一、适应证与禁忌证

（一）适应证

下肢康复机器人适用于步行功能障碍、长期卧床的患者，相关疾病包括：

①神经系统疾病：如脑卒中、小儿脑瘫、颅脑外伤、脊髓损伤、帕金森病等。

②肌肉骨骼系统疾病：下肢骨折内固定术后、髋/膝/踝关节置换、半月板损伤术后稳定期；下肢关节退行性病变慢性期、运动损伤慢性期等。

③心肺系统疾病：冠心病、肺炎、慢性阻塞性肺疾病等长期卧床后导致心肺功能下降而行走受限者。

④其他：长期制动引起全身或局部生理功能减退而出现关节挛缩、肌肉萎缩、压疮、便秘、体位性低血压等。

（二）禁忌证

脑卒中病情不稳定者，脊髓损伤急性期，不稳定骨折者，严重骨质疏松者，严重骨骼肌肉疾病者（如截肢），跟腱断裂术后不稳定期，关节退行性病变症状加重期，各类下肢关节/软组织运动损伤后急性期，神志不清、精神障碍、听理解障碍、严重认知障碍不配合治疗者，不稳定心绞痛，急性心肌梗死，控制不佳高血压者（收缩压≥180毫米汞柱，舒张压≥110毫米汞柱，1毫米汞柱=0.133千帕），下肢伤口感染者，出现心、肝、肾功能严重不全及严重感染者，下肢深静脉血栓限制活动者，各种出血倾向、生命体征不稳定、癫痫发作期、严重器质性疾病不能耐受训练者。

二、主要适应证人群临床应用推荐

针对外骨骼机器人的主要适应证人群，《下肢康复机器人临床应用专家共识》将现有的研究对象相关入选文献按照标准，给出证据级别如下：①高——非常确信真实的效应值接近效应估计值；②中——对效应估计值有中等程度的信心，真实值有可能接近估计值，但仍存在二者差异性较大的可能性；③低——对效应估计值的确信程度有限，真实值可能与估计值差异较大；④极低——对效应估计值几乎没有信心，真实值很可能与估计值差异较大。给出推荐级别如下：①强——明确显示干预措施利大于弊或弊大于利；②弱——干预措施利弊不确定，或无论质量高低的证据均显示利弊相当。

（一）偏瘫患者的临床应用推荐

偏瘫是脑损伤患者常见的后遗症之一，运动功能障碍尤其是下肢运动功能障碍严重影响患者的生活质量和身心健康。研究证明，使用下肢康复机器人作为一种新型康复治疗手段，其核心治疗理念是可选择性地对运动功能低下的肌肉进行刺激，使这类肌肉进行周期性的运动，增强其力量、耐力以及肌群运动的协调性，从而实现高水平的功能训练。但移动助行式下肢康复机器人的康复训练效果是否优于常规康复训练，有待于进一步的临床试验加以验证（表2-3）。

表2-3 偏瘫患者临床应用专家推荐

编号	推荐方向	推荐理由	证据级别	推荐级别	循证依据
1	下肢康复机器人与常规康复相结合进行康复训练	多项随机对照试验证实下肢康复机器人对偏瘫患者下肢运动功能、平衡功能、步行功能及转移能力有改善作用，其中包括改善步行稳定性、步行速度、步行耐力、刺激肌肉兴奋性	高级	强推荐	4项针对脑卒中患者的临床试验和论证
2	下肢康复机器人结合多种治疗方式	下肢康复机器人结合多种治疗方式如VR、tDCS等联合康复训练更有利于脑卒中患者的步态康复	高级	强推荐	3项脑卒中患者使用外骨骼机器人的实验，其中2项与VR相关，1项与脑机接口相关

（二）截瘫患者的临床应用推荐

针对截瘫患者的机器人辅助步态训练（Robot Assisted Gait Training，RAGT）在脊髓损伤康复领域的应用越来越广泛，可单独应用于下肢肌力0级患者的步行训练，因为这种训练不受个人肌肉无力程度水平的限制。RAGT提供重复性和功能导向性任务训练，可诱导感觉运动皮层（S1、S2）和小脑区域的更大激活。有研究显示，RAGT可部分改善患者步行耐力、步行独立性、下肢肌肉力量并降低其痉挛程度。除了针对特定任务的训练，RAGT还为下肢提供本体感受输入，根据闸门控制理论，大纤维激活能够阻断引起疼痛和痉挛的有害小纤维的传入（表 2-4）。

表 2-4　截瘫患者临床应用专家推荐

编号	推荐方向	推荐理由	证据级别	推荐级别	循证依据
1	下肢康复机器人训练改善不完全性截瘫患者步行功能	步行距离、腿部力量、活动能力在使用机器人后会增强；不完全损伤患者步行速度和独立性较之前会有所改善。病程越长，其治疗效果越差	中－高级	强推荐	5 项不完全脊髓损伤患者的步行研究试验，以及 1 项纳入 10 项试验涉及 502 例非完全性脊髓损伤患者的 Meta 分析
2	下肢康复机器人训练提高截瘫患者心肺功能	心肺功能在训练后有一定程度提升	低－中级	强推荐	2 项完全性 SCI 患者使用机器人的代谢性研究
3	下肢痉挛性截瘫可进行下肢康复机器人训练	RAGT 可改善患者下肢痉挛状态及由于疼痛导致的下肢运动功能障碍	中级	强推荐	1 项纳入 18 项随机对照研究的 Meta 分析
4	下肢康复机器人训练提高截瘫患者下尿路功能	脊髓损伤患者盆底肌功能活性有所提高，而下尿路功能无明显改善	低级	弱推荐	1 项纳入 6 例受试者的观察性研究
5	下肢康复机器人训练提高截瘫患者平衡功能	有个案显示患者坐位平衡有改善，尚无充分证据证实其对于改善患者平衡功能有益	低－中级	弱推荐	1 项纳入 6 例受试者的观察性研究

（三）骨关节疾病患者的临床应用推荐

骨关节疾病的保守治疗和术后康复是骨科康复领域的热点问题之一。身体活动与肢体运动是针对骨关节疾病康复的核心，但骨关节疾病的患者往往难以维持较长足量的运动，因此需要更好的方法来维持这一人群的身体功能和健康状态，为延缓疾病进程、改善功能障碍打下基础。虽然传统的康复治疗手段能够在一定程度上改善患者的疼痛程度、关节活动度及步态障碍等，但也存在着耗时耗能和康复过程中的疼痛管理等问题。相关研究表明，下肢康复机器人训练能够缓解上述问题。目前，下肢康复机器人主要应用于骨关节疾病领域中的全膝关节置换术（Total Knee Arthroplasty，TKA）后、全髋关节置换术后和骨关节炎等，其中以TKA应用最为广泛（表2-5）。

表2-5 骨关节疾病患者临床应用专家推荐

编号	推荐方向	推荐理由	证据级别	推荐级别	循证依据
1	全膝关节置换术	TKA后，患者可接受下肢康复机器人治疗，表现在有效改善患者的步行能力、关节活动范围、下肢肌肉力量以及康复进程中的疼痛程度	中级	强推荐	6项典型的TKA后患者随机对照试验
2	全髋关节置换术	国内外应用外骨骼机器人治疗全髋关节置换术后的研究较少，部分研究证实外骨骼机器人应用于全髋关节置换术后，患者在改善髋关节功能性评分和活动范围方面呈现较好的效果	中-低级	弱推荐	1项16例全髋关节置换术后的患者随机对照试验

续表

编号	推荐方向	推荐理由	证据级别	推荐级别	循证依据
3	膝关节骨关节炎保守治疗	膝关节骨关节炎患者往往伴随骨质相关疾病，因而应用外骨骼机器人康复时损伤风险较高，针对外骨骼机器人应用于膝关节骨关节炎的康复效果还需进一步证实，截至目前，相关研究较少。现有证据显示，机器人训练可显著减轻患者膝关节疼痛程度，并且可提高患者对爬梯等运动的耐受能力	中-低级	弱推荐	1 项 24 例膝关节骨关节炎患者随机对照试验

（四）儿童疾病患者的临床应用推荐

下肢康复机器人被用于多种儿童疾病的康复治疗。儿童身心发育尚未成熟，主动参与康复训练的意识较弱，且过度依赖康复治疗师，难以充分调动其潜能，而下肢康复机器人的应用填补了儿童下肢康复治疗的缺口，也被证明有益于脑瘫、脊髓性肌萎缩症、脑损伤患儿的下肢功能、粗大运动、步态的改善（表 2-6）。

表 2-6 儿童脑瘫疾病患者临床应用专家推荐

编号	推荐方向	推荐理由	证据级别	推荐级别	循证依据
1	下肢康复机器人辅助步态训练	下肢康复机器人对脑瘫患儿粗大运动功能有明显改善作用，对下肢运动功能、平衡功能、步行功能及转移有改善作用	中级	强推荐	2 项儿童脑瘫的随机对照试验

续表

编号	推荐方向	推荐理由	证据级别	推荐级别	循证依据
2	下肢康复机器人关节活动训练	下肢康复机器人能够在一定程度上改善脑瘫患儿膝关节的伸展，纠正其尖足步态，改善其踝关节被动背屈活动范围	低级	弱推荐	2 项儿童脑瘫的随机对照试验
3	下肢康复机器人辅助步态训练联合运动疗法	下肢康复机器人辅助步态训练联合运动疗法，可以很好地改善患儿双侧髋、膝关节活动度	中级	强推荐	2 项儿童脑瘫的随机对照试验；一项 60 例手足口病恢复期合并下肢瘫痪的患儿随机对照试验

（五）其他系统疾病患者的临床应用推荐

帕金森病、阿尔茨海默病、多发性硬化症、脊髓性肌萎缩症等神经系统退行性病变引起的活动受限、认知障碍、跌倒与步态失常，对患者的日常生活能力产生了极大影响。国外相关研究证明，对于平衡及运动功能障碍的帕金森病患者，需要给予特异性的物理治疗（A 级证据，英国国家卫生与临床优化研究所指南）。下肢康复机器人在步态训练期间的足趾离地阶段提供听觉提示，以提高步态节奏。此外，当扭矩超过预设的目标范围时，机器人通过在屏幕上显示警告信息来提供视觉反馈，引起主动髋关节屈曲改善患者的异常步态、平衡能力等，进而提高患者的运动功能水平，延缓病情进展，增强社会参与能力，改善生活质量（表 2–7）。

表 2-7　其他系统疾病患者临床应用专家推荐

编号	推荐方向	推荐理由	证据级别	推荐级别	循证依据
1	帕金森病、阿尔茨海默病、多发性硬化症、脊髓性肌萎缩症等神经系统退行性病变引起的活动受限、认知障碍、跌倒与步态失常的患者	使用下肢康复机器人能够提高患者的运动功能水平，延缓病情进展，增强社会参与能力，改善生活质量。增加步长，提高步行速度、平衡能力、运动功能，改善患者的痉挛程度和残疾水平	中-高级	强推荐	1 项多发性硬化症患者临床随机对照试验 1 项阿尔茨海默病 Meta 分析 1 项脊髓性肌萎缩症 Meta 分析 1 项系统综述

第三章　外骨骼机器人在国内外伤残康复领域技术发展现状和趋势

第一节　国内外伤残康复领域外骨骼机器人技术发展现状

伤残康复是关注残障人群功能恢复和生活质量提升的医学分支，在技术上有相应的特色。本章节针对国内外伤残康复领域外骨骼机器人技术的发展现状进行深入分析，包括技术发展现状、技术发展趋势等。

一、外骨骼机器人关键技术

可穿戴式外骨骼机器人涵盖的学科包括材料学、机械工程、人体生物力学、人体工程学、计算机科学等，涉及了传感器技术、控制理论技术、驱动技术、人机交互技术、信息处理分析技术、人工智能技术等高新技术，是一个多学科交叉的高精尖技术产品。通过国内外大量研究成果可以看出，其研发生产过程中主要包括以下几项关键技术。

（一）感知系统

感知系统是外骨骼机器人与外界进行信息交换的主要通道，其功能和品质直接决定了控制系统获取自然信息的数量与信息质量，是构造高品质人机协同控制系统的关键。感知系统需要完成外骨骼机器人自身与周围环境的状态检测，以及穿戴者运动意图的感知与运动状态的监测。由于人体的运动具有强随机性与多样性，如何设计高效的多信息融合感知系统，精确、快速地辨识人体运动意图与状态，一直以来都是外骨骼机器人研究的重点与热点。在具体实现上，感知系统可能会采用各种传感器，如足底薄膜压力传感器、编码器、重心移动传感器等，以反馈地面对人体作用力、关节转动角度、身体平衡状态等多种信息。

下肢外骨骼机器人为了能够更精确地识别人体运动意图，仅靠一个或一类传感器是不能满足需求的。多模态信号感知系统作为目前的研究热点，能够将感受器接收的多种信号综合编辑传达运动信息，使控制系统能够精确判断使用者的运动模式，进一步给予最安全、及时、合适的决策。王海莲团队提出了 3 种感知方法的混合控制策略：① 脑电信号超前识别动作方向；② 表面肌电信号识别下肢动作模式；③ 光纤动作捕捉技术实时反馈位置和姿态，最终综合后应用于外骨骼系统。感知系统对使用者的运动完成实时准确的识别，是确保高精度、高流畅度切换运动模式的前提，在此基础上辅助下肢运动障碍的患者更好地实现康复训练。

在意图识别方面，助力外骨骼机器人和康复外骨骼机器人不同，助力外骨骼机器人注重响应频率、时效性，而康复外骨骼机器人更关注位置、步态分析。因此，意图识别的快速性就是助力外骨骼机器人的关键性因素。目前，业界多使用惯性量、机电、脑电来识别助力外骨骼机器人。从产业化层面看，能快速简单识别人体意图的方案就是好方案。但是，拿到运动意图之后，每个人的身材结构和运动方式都有不同，驱动能力、驱动角度和驱动速度都会有变化，可以明确的是，只有一套步态、一个参数的控制模式是不能适配所有人的。因此，要通过外骨骼机器人和用户的磨合过程（例如，交互力、扭力等的磨合）收集的数据引入人工智能，去锤炼人机控制方式。

（二）控制系统

外骨骼机器人的控制系统在其整体性能和功能实现中起着至关重要的作用，不仅负责解析外部信息和使用者的步态信息，还需要在这些信息复杂难辨时作出快速而准确的决策。这些决策直接影响外骨骼机器人的运动准确性、响应速度以及与使用者的交互体验。

外骨骼机器人的控制类型有很多种。有基于位置的控制，这种控制方式主要关注机器人关节的位置和运动轨迹；有基于力信息的人机交互控制，控制系统通过感知使用者和机器人之间的力交互来调整机器人的运动，这种方式可以实现更自然和直观的人机交互；有基于生物电信号的人机交互控制，通过捕捉和分析使用者的生物电信号（如肌电信号），控制系统可以预测使用者的运动意图，并据此调整机器人的运动，这种方式有望实现更高级别的人机融合；有利用人工智能和机器学习技术，达成的智能控制系统，控制系统可以学习和适应使用者的运动习惯和需求，实现更智能化、个性化的控制。

外骨骼机器人在设计时，除了考虑准确性、及时性、实时性、个性化的设计要素，还要考虑到康复患者的训练和家庭接受状况，包括使用者生理和运动信息响应速度、降低成本和复杂程度、降低行走干涉、简化控制策略、降低人体行走代谢等。通过精确控制外骨骼机器人，不仅可以显著提高康复训练的效果，还可以有效避免对使用者造成二次伤害。

（三）驱动系统

驱动系统是外骨骼机器人的核心动力。传统穿戴式外骨骼机器人的驱动方式有液压驱动、气压驱动、电机驱动等方式。

液压驱动方式与气压驱动方式（图 3–1）的原理相似，是以液压油/气体作为工作介质，通过液压缸/气缸分别连接在穿戴式外骨骼机器人的大腿、小腿和足部，以实现穿戴式外骨骼机器人的人体活动。液压驱动是将油压泵产生的压力转变为机械能以提供动力，其优点包括惯性小、反应速度快、可靠性高、功率密度大、传动稳定等，但是由于成本高、噪声大、污染环境、传动效率相对较差等缺点，国内外对其研究相对较少。气压驱动的原理是以压缩气源产生的空气来提供动力，其优势在于体积小、质量小、成本低、柔顺特性好、结构简单、易于操作。气压驱动的下肢外骨骼机器人能够给穿戴者提供高效率、低能耗、低成本的康复训练，其缺点主要是动力小，控制不稳定。

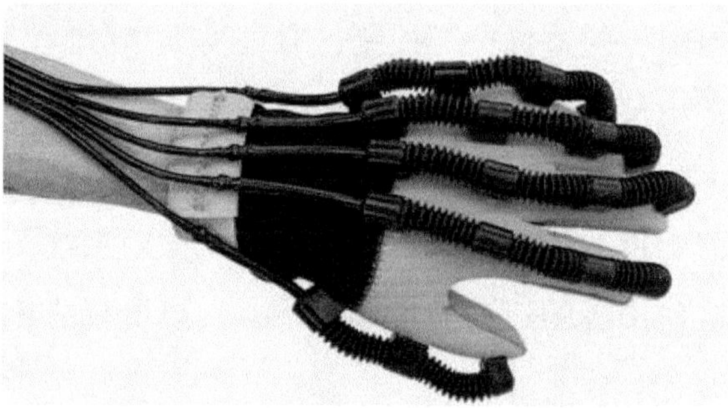

图 3–1　气压驱动方式外骨骼手套

目前研究最广泛的仍是电机驱动（图 3–2），其优点在于结构简单、扭矩大、不需要能量转化、控制相对灵活等，但其也存在着体积大、质量大、整体较笨重等缺点。

近年来，驱动方式的选择和研发有了更大的进展，出现了人工肌肉驱动、串联弹性驱动多种方式。其中，人工肌肉驱动方式充分利用了拟人化的设计思想，仿照人体肢体关节的柔顺性与协调性，使用模仿生物肌肉工作原理的软材料装置，在电场或化学反应的驱

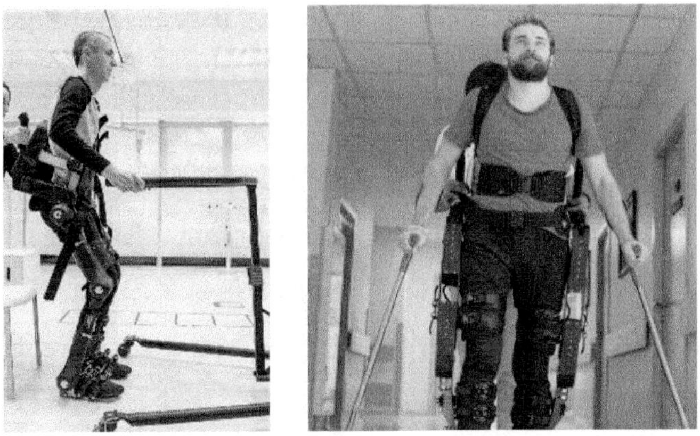

图 3-2　电机驱动外骨骼机器人

动下收缩、膨胀，从而产生拉力做功。与电机相比，人工肌肉具有轻量柔软的特点，可以使软体机器人实现各种敏捷运动。伦敦玛丽女王大学的研究人员在《先进智能系统》杂志上发表了一项研究结果，介绍了他们发明的一种新型电活性高分子人工肌肉，实现了自我感知能力。这种肌肉能够感知外力的大小和本身的形变情况，并可以在软硬不同状态间快速切换，性能堪比天然肌肉，这为集成到软体机器人中的人工肌肉提供了“自我感知”这一新功能。合肥工业大学的研究人员开发了一种用于踝关节康复的踝关节矫形器外骨骼，该外骨骼由电机串联柔性驱动器为踝关节背屈和跖屈方向提供助力，由串联弹性驱动器（SEA）驱动，带有磁流变制动器（MR），在能量收集模式下工作，SEA 的电机可以产生电能，在踝关节康复阶段提供电能。2013 年，Wyss 研究所研发出第一代下肢柔性外骨骼 Soft Exosuit（图 3-3a），其设计理念具有划时代的意义。Soft Exosuit 在腿部没有传统外骨骼的刚性杆件，与穿戴者绑缚的只是经过精心路径设计的网状绑带，在网状绑带的交会处，是精心挑选的“锚点”，锚点负责给穿戴者的下肢传递驱动力，而不是以往的刚性关节驱动。2014 年，Conor Walsh 实验室的丁也博士团队研究出了改进版

Soft Exosuit（图 3-3b）。改进版的外骨骼只驱动髋关节和踝关节，同时将驱动源换成了鲍登线驱动，整个装置分为踝关节驱动模块与髋关节驱动模块两部分。这两部分可以同时穿戴，也可以只穿戴一部分，具有了模块化特性，改变驱动关节数量就像加减衣服那样自然。2018 年，Wyss 研究所推出了第三代 Soft Exosuit（图 3-3c），一个版本是针对脑卒中导致的偏瘫患者设计的单侧踝关节外骨骼，另一个版本则是在第二代 Soft Exosuit 基础上改进的髋踝 Soft Exo-suit。此外，还进一步改进了驱动模块，将两个单腿驱动模块集成到一起，传动方式改成蜗轮蜗杆，同时整合了风冷系统、散热鳍，提升了散热性能。第三代 Soft Exosuit 经过进一步优化，在 1.5 米/秒钟的行走速度下，负重 6.8 千克，穿戴/助力相对于不穿戴，实验测得能降低 14.88%±1.09%的代谢，相对穿戴/未助力能降低 22.03%±2.23%的代谢。

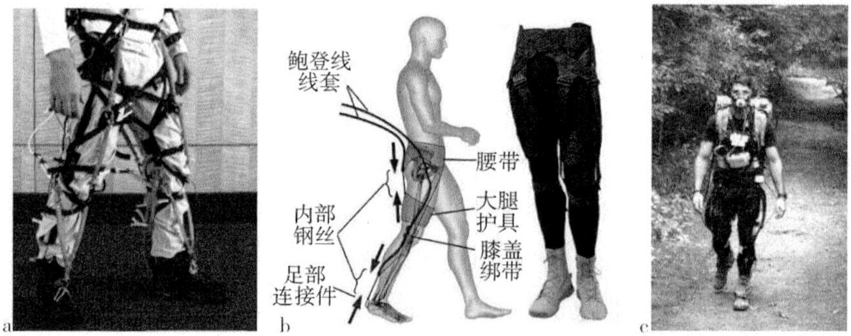

图 3-3　人工肌肉驱动的软体机器人装备

a. 第一代 Soft Exosuit　b. 第二代 Soft Exosuit　c. 第三代 Soft Exosuit

（四）人机交互系统

人机交互系统是实现人与外骨骼机器人之间信息交流和协同工作的关键。它不仅是一个单向的控制系统，而且是一个双向通信系统，负责将使用者的运动意图转化为外骨骼机器人的动力输出，并将外骨骼机器人的运动状态实时反馈给使用者。这种交互系统的存在，使得外骨骼机器人能够更好地理解并响应使用者的需求，从而实现更加自然、高效的人机协同。

人机交互系统主要分为两大类：运动学信息感知与交互和人体生理信息感知与交互。

- **运动学信息感知与交互**。这类交互主要关注使用者与外骨骼机器人之间的物理交互信息。外骨骼机器人一般通过多种传感器来反映使用者即时的关节角度、角速度、人机交互力、运动加速度和步态模式等信息，可以保证其稳定性、安全性和连续性。

- **人体生理信息感知与交互**。与运动学信息感知与交互不同，人体生理信息感知与交互更加关注使用者的内在生理状态。其中，脑电信号和肌电信号是两种常用的生理信息来源。脑电信号信息是指通过脑机接口技术，对头皮上的脑电位（EEG）信号进行捕捉和分析。这种信号传输快速、实用性强、便携性好，具有广泛的应用前景。通过分析脑电信号，外骨骼机器人能够了解使用者的意图、情绪状态等，提供更加个性化的辅助。肌电信号信息，通常是利用粘贴于皮肤表面的贴片电极进行检测，判断肌肉的活动，识别下肢运动模式，进一步控制外骨骼适应并纠正肢体的运动。

随着人工智能技术的不断发展，人机交互的方式也变得更加多样化和智能化，简单的手势识别、语音识别甚至脑电信号识别等技术都已经被应用于外骨骼机器人的交互系统中。这些智能化、人性化的交互方式，本质上都是为了确保使用者与外骨骼机器人的高度契合，保持协调一致，最终达到理想的康复效果。

（五）能源系统

在一次下肢外骨骼机器人用户调查中发现，外骨骼机器人的续航能力是用户关注的核心焦点。站在使用者的角度考虑，能源的容量和续航时间决定着使用环境和条件，户外运动、医院康复科室内患者连续性训练都是不可回避的现实需求。因此，无论融入多么先进的技术，能源问题始终是一个无法回避的核心挑战。当下，下肢外骨骼机器人最广泛应用的能源动力系统是电池—电动机驱动系统。常用的电池类型包括蓄电池、可充电锂电池或燃料电池等。然而，这些电池在体积、质量、容量和效率等方面存在一定的限制，这也是当前电池技术难以避免的缺点。

为了解决能源问题，可以从四个角度进行考量。第一，在电池特性方面，设计出更加轻便、续航时间长且安全性高的电池，通过改进电池材料、结构和制造工艺，可以实现电池性能的提升，延长外骨骼机器人的工作时间。第二，通过便捷的插拔换电方式和快充技术解决及时使用需求。第三，可以引入新的能源技术，如太阳能技术，作为补充续航的手段。第四，降低功耗和设计可循环持续利用的能源系统，通过优化外骨骼机器人的机械结构、控制算法和能源管理策略，可以降低机器人的功耗，提高能源利用效率。目前，一些外骨骼机器人样机已经开始探索使用高效、低噪和轻小型的燃料电池、太阳能充电系统，以及生物能源等新能源技术。这些技术有望在未来成为外骨骼机器人的主要能源供应方式。

穿戴式下肢外骨骼机器人在续航时间、负重区间和行走速度等方面存在一定的差异。其中，续航时间跨度较大，负重区间主要集中在十几千克到上百千克，行走速度趋于人体行走速度，这有助于实现人机协同行走和提高穿戴者的舒适度。

二、国际外骨骼机器人技术发展现状

国外在外骨骼机器人技术方面的发展已经相对成熟，有多家知名公司和科研机构在该领域进行了深入的研究和产品开发。从全球医疗康复领域来看，已经有了代表性的产品问世。比如，以色列 ReWalk Robotics 公司的 ReWalk 系列、日本 Cyberdyne 公司的 HAL、美国 Berkeley Bionics 公司（现已更名为 Ekso Bionics）的 eLEGS，以及新西兰 Rex Bionics 公司的 REX 等。这些产品都已经在医疗康复领域得到了应用，并取得了不错的效果。在工业应用方面，外骨骼机器人也展现出了广阔的应用前景。如日本的 Tmsuk 公司和美国的老牌工业企业 Sarcos Robotic 公司，已经研发并推出了一些增强型外骨骼机器人产品。这些产品主要被用于提供力量增强、支撑稳定等功能，可以应用于制造工厂、物流搬运、机场等场景。在军用领域，外骨骼机器人也得到了广泛的关注和研究。例如，美国的 Raytheon 公司和 Lockheed Martin 公司都研发了全身机械外骨骼和可增强下肢能力的机械外骨骼产品，这些产品的研发均得到了美国国防部的巨额资助。此外，国外的一些知名高校和科研机构也在外骨骼机器人技术方面进行了深入的研究。这些高校和机构通过不断探索和创新，推动了外骨骼机器人技术的高速发展（图 3-4）。

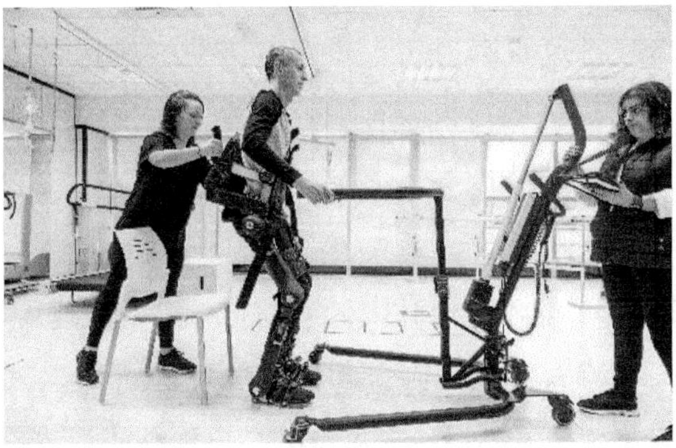

图 3-4　国外康复中心开展康复训练的场景

三、国内外骨骼机器人技术发展现状

与国外相比，我国的外骨骼机器人技术还存在一些差距，这些差距主要是由该技术起步较晚，研发相对滞后造成的。比如，在机械结构设计、材料选择、制造工艺等方面，国内不少外骨骼机器人企业还处于摸索探讨阶段，或需要进一步提高技术水平和产品质量。在传感器技术、控制算法、人机交互等方面，国内也需要加强研发和创新，以提高外骨骼机器人的性能和智能化水平。但就市场应用和发展趋势来说，国内的外骨骼机器人布局比起国外更为细致，细分市场覆盖完备，市场竞争的充分性远超国外，未来必将后发先至，在细分市场和专业化水平上领先全球。

天眼查显示（查询时间 2024 年 2 月 25 日，查询关键词为“外骨骼机器人”，查询附加条件“专利/存续/在业”“企业性质”），我国外骨骼机器人行业持有专利的机构为 416 家，相关经营企业为 349 家。目前，数十家与外骨骼机器人相关企业均取得了医疗器械产品等注册资质。在上肢机器人方向，有上海傅利叶智能科技有限公司、深圳华鹊景医疗科技有限公司、上海卓道医疗科技有限公司、广州一康医疗设备实业有限公司、河南翔宇医疗设备股份有限公司、湖南英特搏医疗科技有限公司、布法罗机器人科技（成都）有限公司、埃斯顿（南京）医疗科技有限公司等 20 多家企业取得了医疗器械产品注册证；在下肢机器人方向，有广州一康医疗设备实业有限公司、布法罗机器人科技（成都）有限公司、杭州程天科技发展有限公司、山东海天智能工程有限公司、北京大艾机器人科技有限公司、上海金矢机器人科技有限公司、中航创世机器人（西安）有限公司、郑州安杰莱智能科技有限公司、长沙优龙机器人有限公司、南京伟思医疗科技股份有限公司、远也科技（苏州）有限公司等近 40 家企业取得了医疗器械产品注册证。这些企业的产品覆盖了康复训练设备、行走助力设备、软体外骨骼、脑机接口系统等多个方面。

在下肢外骨骼机器人的核心技术、仿生设计和续航能力三个主要方面，国内企业纷纷有所突破（图 3-5）。

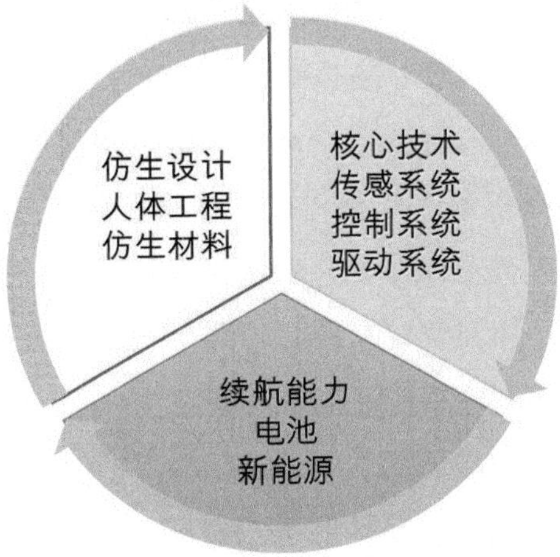

图 3-5　国内下肢外骨骼机器人重点突破的主要领域

（一）国内下肢外骨骼机器人核心技术发展现状

核心技术方面，包括传感系统、控制系统、驱动系统等。传感系统收集运动相关的信号传递给控制系统，控制系统处理传递来的信号并将其转化为运动的指令，再传递到驱动系统，最终由驱动系统带动康复机器人的行动。在此过程中，每个环节都存在着相应的技术难点，影响康复机器人的形态、反应速度、随动能力、舒适度、智能化程度等性能特征。

传感系统是对患者和环境信息的感知，主要分为力传感、肌电传感和脑电传感。目前，力传感是应用最多、最成熟的；肌电传感和脑电传感能够实现更好的交互，但存在识别信号不稳定的问题。2016 年，上海傅利叶智能科技有限公司即开发基于力传感器的上肢康复机器人 Fourier M2，这款拥有助力、主动、被动、抗阻四种训练模式的康复机器人上市后，即被华山医院、瑞金医院等国内多家知名医院引进。肌电传感主要是传递肌电信号，肌电信号是肌肉收缩过程中，被激发的运动神经元放电形成的叠加信号。远也科技（苏州）有限公司进行了技术理念创新，推出了针对目标肌肉主动训练的肌肉外甲，提供自动化助力。脑电传感的脑机接口分为侵入式和非侵入式，侵入式的有创、易感染，但准确率高；非侵入式的无创、易采集，但准确率低。目前，全球各地脑机接口的应用尚处于初期阶段，在国内已有多家医疗器械公司取得了脑电相关产品注册证，如山东海天智能工程有限公司、长沙优龙机器人公司分别注册了脑机接口下肢外骨骼康复训练系统，司羿（长沙）智能科技有限公司注册了脑机接口康复训练与评估系统等。

控制系统是康复机器人的中央枢纽。以下肢康复机器人为例，控制系统通过对传感系统反馈的数据进行分析并规划步态模式，对驱动系统实现闭环控制，其中涉及传感器融合算法、控制算法等一系列软件模块。在生物信号处理上，AI 可以让康复机器人直接感受到人体运动意图，实现更好的人机交互。对于每个人高矮胖瘦不一样的体态特征，AI 通过智能学习，可以根据不同人定制最合适的步态，进行更好的人机交互和步态训练。在康复过程中，AI 还可以根据人体数据优化机械结构，使机械更加符合人机工程学，贴合人体生物曲线，提升使用体验效果。如中航创世公司研发的下肢康复训练机器人，采用 6 大类高精度传感器，以嵌入式采集和软硬件处理核心模块，建立了高准确率的患者康复状态综合评估模型，模仿正常人步态，建立正确步行模式。在硬件技术、算法和智能控制领域，傅利叶智能在研发上投入资金累计超过 5 亿元，研发投入占营收的 30%以上，共计申请知识产权近 200 项，授权发明专利 30 项，实用新型专利 29 项，构建了丰富的产品线，打造了覆盖全球数十个国家、近千家机构的销售渠道。傅利叶智能已从侧重专用的康复机器人，转向体系化搭建通用机器人技术平台，基于外骨骼机器人核心技术的积累，研发通用型机器人，使其商业化道路越走越宽。2023

年9月，傅利叶智能通用人形机器人 GR-1 开启对外预售，可应用于科研教育、AI 具身智能本体、演艺展览、医疗康复、安防巡检、迎宾接待等多个领域。

驱动系统执行控制系统传递来的具体任务。电机驱动在国内应用最广泛。相比之下，电机驱动的刚性外骨骼机器人能承重但穿戴不够舒适，气压驱动的柔性外骨骼机器人穿戴较轻便舒适但承重不够。因此，目前的刚性外骨骼机器人主要应用在下肢、上肢，而柔性外骨骼机器人主要应用于手部。不管是电机驱动还是气压驱动，目前的康复机器人的核心元件主要是伺服电机和减速器，这两项技术已不再是壁垒，不再“卡脖子”。与进口元件相比，国产元件在噪声、寿命和重量上略有差别，但功能都可以实现，且在产品成本上有很大优势。核心元件已实现了国产替代，越来越多的企业选择和国内头部元件商合作。同时，国内已有企业实现核心元件的量产并成功出海。比如，对于电机、减速机的模组体系，杭州程天科技发展有限公司的电机能量密度高，减速机可集成到很小的体积并实现3倍持续过载，和力矩传感器、驱动器协同设计，实现动力总成的最优性能且大幅降低了成本，实现了关节模组、传感器、减速器等核心元器件的100%自研自产，目前已实现量产并出口34个国家及地区。国内市场中，程天科技发展公司的相关产品已进入560多家康复中心、残联机构及医院，累计服务超30万人次。

（二）国内外骨骼机器人机构与仿生设计现状

仿生设计方面，主要是根据人体生物力学特点，设计适应关节肌肉形状和生理运动的部件或组件，目标是提高舒适度、安全性、人体贴合性，不断突破材料设计桎梏。

在软体外骨骼领域，使用人工肌肉理念等材料制作成为研发的方向，远也科技（苏州）有限公司的瑞行 Rego-ANK 下肢软体外骨骼，结合了仿生结构设计和人工智能控制算法，其结构轻盈舒适便捷，人工智能算法可以自适应穿戴者的需求提供最优的助力策略。

在综合康复领域，以北京大艾机器人有限公司的艾动 AiLegs、艾康 AiWalker、艾家为例，截至 2022 年底，已有 1 万多例各类下肢运动障碍患者使用这些产品进行了相关康复训练。其中，艾康 AiWalker 属于全球首创设计，在传统外骨骼的形态上进行了大幅度改良，增加了安全保护支撑框架，由于符合人体行走力学特性、安全平衡性的保障以及符合动态行走特性的腰部支撑，下肢运动功能障碍患者（包括四肢瘫痪、骨关节障碍、长期卧床、肌张力高等各类疑难患者）的适配性得到大幅提升。

（三）国内外骨骼机器人能源现状

续航能力方面，医院内康复用途的移动式下肢康复机器人所用电池的续航能力在国内外骨骼企业普遍能达到使用时间 4~8 小时、充电时间 1~2 小时。

在电池方向上，程天科技发展有限公司在全球率先推出插拔电池组结构，解决了随用随换的使用问题。生活辅助用的康复机器人因有室外场景使用，对续航能力更敏感，如何提高能源利用率和降低能源消耗是关键。比亚迪旗下的弗迪电池推出系列电池组，大幅度提升了能量密度。大艾机器人、迈步机器人等外骨骼机器人企业都提出研发动能回收技术，加强生物和运动能量的收集储存，以提升能源的使用效率。

第二节　国内外伤残康复外骨骼机器人技术发展趋势

随着科技的不断发展，外骨骼机器人技术在伤残康复领域得到了广泛应用。本节将就国内外伤残康复领域外骨骼机器人技术的发展现状和未来趋势（包括技术创新、临床应用、研究进展等多个方面）进行深入探讨。

一、柔性外骨骼机器人的发展趋势

未来发展趋势为更轻、更柔软、更灵活的柔性外骨骼机器人。以传统刚性材料制成的外骨骼机器人对人体安全具有潜在威胁，且缺乏在特定环境下进行作业的适应性与灵活性，促使外骨骼机器人企业对机器人的柔软性展开研究。与刚性材质外骨骼机器人不同，柔性外骨骼机器人主要由柔软材料组成，如液体、凝胶、硅树脂等，可与生物组织和器官的灵活性以及弹性相匹配，可在复杂环境下进行灵巧的运动以完成高难度任务。柔性外骨骼机器人模拟生物柔性和灵活性的仿生技术，填补了刚性外骨骼机器人在安全性、适应性及灵活性等方面的不足，促进了外骨骼机器人在医疗领域的高速发展。

二、人形机器人的多模态发展方向

过去，人形机器人首先瞄准智能制造场景，包括汽车制造、3C制造等领域。随着应用场景的拓展，AI 将逐步走向家庭，协助工人、科研人员和家庭成员完成各种任务。人形机器人的多模态发展方向包括整合多种感知模式、具备多种交互模式、融合多种任务执行能力等。随着技术的不断创新，人形机器人将更好地适应多样化的应用场景，为人机交互提供更为自然、智能的体验。

（一）人形机器人多模态技术

人形机器人整合了多领域的先进技术，包括感知模式的整合、交互模式的多样性整合、任务执行能力等。

感知模式方面。人形机器人覆盖范围，一是视觉感知，包括摄像头和深度视觉传感器，以实现精准的环境感知、物体识别和人脸表情分析等功能。采用计算机视觉技术，提高机器人对环境的理解能力。二是听觉感知，整合先进的声学传感器和语音识别技术，使机器人能够听取、理解和回应人类语音指令，通过模拟人类听觉系统，提高机器人在复杂环境中的感知和沟通能力。三是触觉感知，采用柔性传感器、力传感器等技术，使机器人能够感知外界的力、压力和触摸，实现对物体的精准抓取、触摸反馈和物体表面的纹理感知，提高机器人在物理交互中的灵活性。四是运动感知，利用惯性传感器、陀螺仪等技术，实现对机器人自身运动状态的感知，并通过这一动态感知提高其在导航和运动控制中的准确性。

交互模式方面。包含了语音交互，支持多语言、多方言的交互；也包含了视觉交互，如面部表情识别、手势识别等，以实现更自然、直观的视觉交互，使机器人能够通过视觉感知用户的情感状态和意图，提高人机互动的友好性；还包含了触觉交互，使机器人能够通过触觉感知用户的动作和情感反馈。

任务执行能力方面。人形机器人的研究主要关注运动灵活性，学习与适应能力，多任务协同。提高机器人的运动灵活性和适应性，引入增强学习和迁移学习等技术，使机器人能够同时执行多项任务，包括语音对话、物体抓取、导航等。

（二）人形机器人生活场景应用

基于传统外骨骼机器人的特征，人形机器人未来可以承继传统外骨骼机器人的特点，用于患者的协同康复训练。通过模拟人体的运动，人形机器人未来不仅自身可实现拟人仿人的运动，而且可以期待其协助患者进行各种康复训练动作，如关节活动、肌肉拉伸、平衡训练等。这种训练方式可以根据患者的具体情况进行个性化调整，以提高康复效果。同时，人形机器人还可以提供实时反馈，帮助患者和医生了解康复进展情况。2019 年，傅利叶智能启动通用人形机器人项目。2023 年 7 月 6 日，发布 GR−1 通用人形机器人（图 3−6）。2023 年底，实现量产发售。

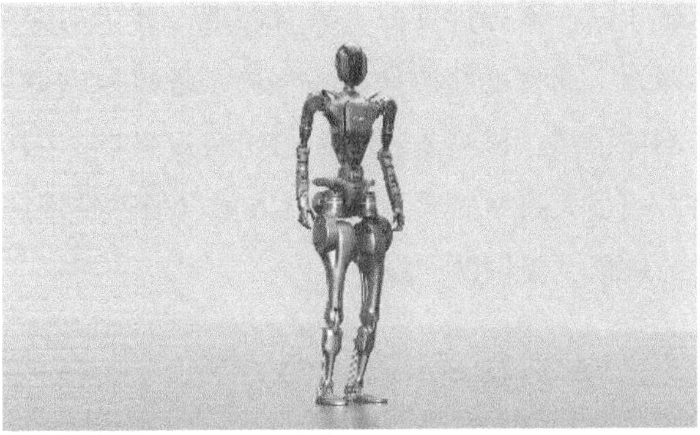

图 3−6　傅利叶智能的 GR−1 通用人形机器人

人形机器人的场景定位于康复、居家等相关领域。或许有一天，在我们眼中，人形机器人更像家人，它们可以发挥陪伴机器人、教育机器人、治疗机器人等不同角色的作用。

陪伴机器人。多项调查显示，除抑郁以外，孤独也日益成为社会普遍关注的心理健康问题。自 20 世纪 80 年代以来，美国有孤独情绪的人增加了两倍。14%的英国人表示他们受到孤独情绪的困扰。随着自然语言处理和计算机视觉（包括人脸识别）等感知层面的人工智能实现多层次对话，甚至通过语音语调的细微变化实时影响对话进程，或许未来机器人可以像知己一样与人类聊天。它或许能够更敏锐地捕捉人类的情绪，然后依据对方喜欢的交流方式为他们疏导情绪，帮助他们消除孤独感，从而成为用户的新家庭成员或伙伴。

教育机器人。技术的进步促使教育方式发生重大变革，基于直播和网课载体，通用课程和 AI 课程大火。但这些方式仍旧是远程虚拟形式，如果能将网络世界的枯燥转为现实的智能陪伴玩具，则有可能进一步激发孩子的学习欲望，也可以发掘孩子的能力、捕捉他们的兴趣，为他们定制独特的学习计划，辅助教师和家长利用分析技术发现各项因素对学生学习效果的影响等。

治疗机器人。机器人能够在健康领域帮助人类预测和治疗疾病。当前，全球逾 3 亿人罹患抑郁症。具有同理心并采用决策树算法的情绪智能机器人，或许能够协助患者解决心理健康问题，而且一旦发现用户有不良情绪，机器人便会向用户自定义的家人或朋友发送通知。目前，通过大数据的学习，机器人可以根据常规的症状问题，判断出基本的病情，提供助诊服务。

三、数字全景化融合运动体系

数字全景化融合运动体系，是一个较为抽象的术语，可以理解为两个方面：一是数字全景化，指的是将信息、数据或者体验以数字形式全面呈现或展示的过程。这可以包括使用数字技术来创造全景式的观感或全面的信息视图。二是融合运动体系，指的是将多个元素或组件整合到一个运动系统中，其中“融合”表明这些元素之间有协同作用，而“运动体系”则可能指的是一个涉及运动、动力学或者活动的系统。

数字全景化融合运动体系在外骨骼机器人康复中的应用，可以使外骨骼机器人康复更具趣味性、个性化，从而提高患者的康复动力和治疗效果。这样的数字化创新不仅提升了康复过程的质量，同时拓展了康复技术的边界，为患者提供更为全面的康复支持。这些应用包括以下几个方面。

创造虚拟康复环境。利用数字全景化技术，为患者创造虚拟康复环境，使其有身临其境的体验。运用全景影像，将患者置身于不同的康复场景，如山地、海滨等，以增强康复过程的吸引力。

提供个性化康复训练。借助数字化运动监测系统，实时监测患者的运动状态、姿势等，并提供实时反馈。结合全景化技术，定制个性化的康复训练方案，使患者更好地投入康复过程。

增加康复趣味性。利用数字全景化技术创作康复游戏，将康复动作嵌入游戏情境中，激发患者的积极性。通过娱乐化的数字体验，提高患者对康复活动的投入度，增强其持续性。

实现康复过程数据可视化。将患者的康复过程数据以全景化形式呈现，让患者直观地了解自己的康复进展和成效。通过数字可视化，加深患者对康复过程的理解，提高治疗的信心。

提供远程康复服务监测。利用数字平台进行远程康复监测，康复专业人员可以通过全景影像实时监测患者的康复过程。实现患者与专业康复团队之间的远程互动，由后者提供远程康复指导和支持。

2023 年 6 月，傅利叶智能发布数字全景化运动体系智能伽利略系统（图 3-7）。该设备包含了六轴运动平台、六维测力台、180 度柔性 LED 环绕大屏、自适应跑台、动态减重、运动捕获系统、上下肢康复机器人、运动训练设备，以及人机交互软件，利用虚拟现实、机器人、生物力学等技术，模拟真实生活场景，将社会活动与患者躯体功能串联，实现康复的 All-in-One System，打造出开放式的评估与训练环境。

图 3-7　傅利叶智能的伽利略系统

总体而言，数字全景化融合运动体系的概念涵盖了数字技术、全景展示以及动态运动等多个方面，旨在为外骨骼机器人用户提供更加丰富、个性化、互动性强的体验和服务。

四、基于数字生物标定系统的康复干预训练方向

数字生物标记物（Digital Biomarkers），即通过数字化手段将生物标记物释放的“数字信号”变成一种可量化、具有临床可解释性的客观标准，用于发现、解释或预测疾病走向。典型的例子，如通过视频分析与手机传感器测量和评估帕金森综合征、心脏功能、肾脏功能、骨质疏松、脊柱侧弯等；通过面部特征、语音、呼吸音、咳嗽音、运动功能测量和评估心脏功能恶化等。基于智能手机传感器、摄像头等便携式数字生物标记物测量方式，未来实用化门槛低、普及的可能性大，这将促进居家慢性病管理服务市场进入高速发展轨道，提高疾病预防和诊疗的质量，减轻疾病对个人生活和社会经济的影响，最终推动全周期健康管理和个性化精准医疗成为现实。

2023 年 9 月，一项针对帕金森病患者的数字生物标志物智能分析反馈系统的公开专利显示，通过放置在振动力敏鞋垫上的足底压力传感器实时监测患者的运动模式，基于加速度信号训练和验证不同运动模式的冻结步态预测检测模型，在冻结步态即将发生前快速作出预测，在冻结步态已经发生时准确作出检测判断，方案可阻断患者步态的进一步恶化，从而帮助患者恢复正常行走的能力。

数字生物标记物有广阔的应用前景。一方面，可用于以慢性病为代表的各类疾病监测管理和诊疗决策支持，比如通过手机摄像头、手机加速器结合 AI 算法进行步态测量，用于评估帕金森综合征、脑卒中康复、心脏功能、肾脏功能、骨质疏松、脊柱侧弯、老人跌倒预测等。另一方面，可用于日常健康管理，帮助个人了解身体健康

相关情况，掌握不同年龄段主要慢性病的患病风险，提供健康保养和疾病预防的决策支持，目前已有对青少年、中年、老年等不同群体的应用探索。比如，借助手机闪光灯和摄像头，可以通过手指PPG（光电容积描记法）实现心跳测量、进行实时血糖和血压测量标定等。

五、智能化康复处方管理系统

智能化康复处方管理系统在外骨骼机器人康复中的应用，旨在通过数字化、智能化的方式，为康复专业人员和患者提供更有效、个性化的康复方案。康复机器人未来将向智能化方向发展，智能化主要表现在训练个性化、智能康复策略、评估数字化、智能交互等维度（图3-8）。

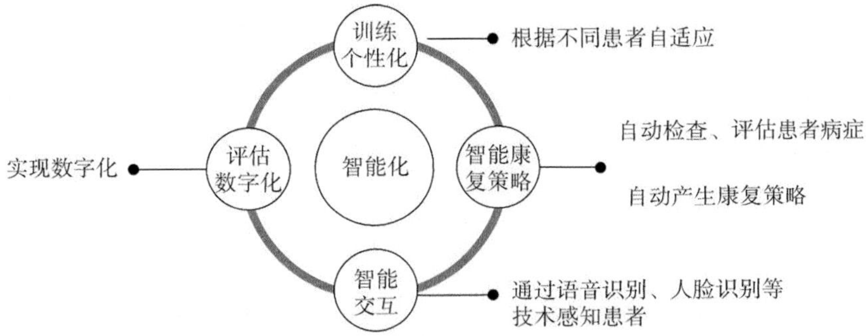

图3-8 智能化康复处方主要内容

训练个性化。针对患者的医疗历史、生理数据和康复需求，系统能够生成个性化的康复方案。根据不同患者的身高、体重等情况自动调节以方便穿戴，检测不同患者在康复训练过程中的特征参数，通过人工智能算法学习并自动优化参数等来自适应患者的个性化需求，调整外骨骼设备的参数和康复训练计划，增强康复效果。

智能康复策略。系统可以汇总大量康复数据，为医生提供科学的数据参考，使其更好地了解患者群体的康复趋势，并根据自己的专业知识与临床经验对患者进行检查，制订相应的康复治疗方案。智能康复机器人可以自动检查、评估患者病症，通过大数据、专家知识库等技术自动生成康复策略，并对康复结果进行量化分析，进一步优化康复方案。

评估数字化。当前的康复检查、评估、判断方式主要由医生以个人经验为判断依据或采用量表的方式，大多数量表也是由医生个人主观判断打分，不同医生对同一患者的评估结果往往差异很大。智能机器人可以实现数字化、评估量化，避免人为主观因素的影响，使评估结果更科学精准。

智能交互。当前，康复设备是在治疗师的辅助操作下对患者进行康复训练的，训练过程中发现患者的问题也是由医生对设备采取相应的操作来解决。智能机器人可以通过语音识别、人脸识别等技术感知、识别患者的信息，并有智能判断决策执行的能力，能够快速响应患者的需求。

六、脑机运动接口的运动联动方向

脑机接口是指在脑与外部设备之间建立的通信和控制通道。在国内外科学研究领域，脑机简单运动控制持续取得突破。目前来看，其在康复场景下有很大的应用潜力，可辅助残障人士获得部分肢体功能，帮助脑疾病患者进行主动运动康复、重塑部分脑功能。

2016 年，我国“十三五”规划纲要将包括脑机智能新技术在内的“脑科学和类脑研究”列入国家重大科技创新和工程项目。2020 年，我国“十四五”规划进一步将脑科学列为国家战略科技力量。目前，国内主要研究方向是提升脑电信号采集信噪比、高带宽双向读写、无创／微创植入、信号采集标准建立、数据样本量提升、基于深度学习提升个体模型训练效率等。这些研究方向，一是辅助感觉接收器官，将声光刺激转化为电信号，如人工耳蜗、人工视网膜等；二是脑机运动控制，构建运动想象模型，识别双手、脚、舌的多模态运动信号，帮助伤残患者行走、进行手部活动、进食等；三是支持中风患者进行主动运动康复，以脑运动信号驱动机械外骨骼机器人带动肢体活动，帮助脑区中相应神经元参与学习，重塑部分脑功能。从长远来看，其应用突破有赖于多学科合力推进和软硬件技术的协同发展，包括硬件方面更精密的电机、更生物友好的材料、更丰富的数据库、更明确统一的数据标准、更先进的机器学习算法，以及脑科学研究的关键性进展等。

目前，国内最成熟的脑机接口应用领域为康复领域，将脑机接口技术与外骨骼机器人训练结合起来，在国内已有多家医疗器械企业取得了脑电相关产品注册，如山东海天智能工程有限公司、长沙优龙机器人公司分别注册了脑机接口下肢外骨骼康复训练系统，司羿（长沙）智能科技有限公司注册了脑机接口康复训练与评估系统（图 3-9）等。

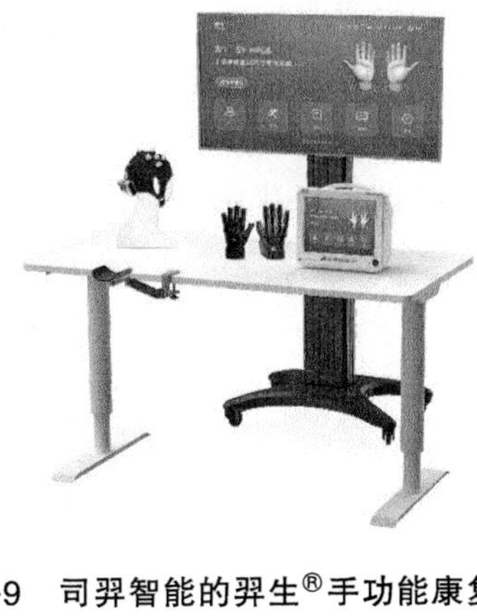

图 3-9　司羿智能的羿生®手功能康复机器人

以山东海天智能工程有限公司为例，其研发的“脑机康复训练系统”融合运动想象疗法和物理训练疗法，模拟中枢神经通路，解码患者的运动意念，进而驱动神经肌肉电刺激仪，刺激患者偏瘫肢体产生对应动作，从而完成主动康复训练。“脑机康复训练系统”促进了患者受损脑区功能恢复及体内神经通路的修复和重建。

七、特殊伤残患者控制技术

作为康复器械的关键，共性技术的人机交互技术除了脑机接口的交互技术，近年来还发展了许多非接触式智能交互技术，包括基于视觉识别与语音识别的智能交互控制等，这些交互技术具有非常广阔的应用前景。

（一）语音识别交互控制

外骨骼机器人的语音识别交互控制是一种高级的人机交互方式。通过语音识别技术，外骨骼机器人能够理解和执行使用者的语音命令，从而实现更加自然和便捷的控制。语音识别模块负责将使用者的语音信号转换成文本信息，语义理解模块则对文本信息进行解析和理解，提取出使用者的意图和指令。在实际应用中，语音识别交互控制可以大大提高外骨骼机器人的易用性和用户体验。2019 年，在中央电视台《时尚科技秀》栏目中，大艾机器人有限公司展示了一款艾动 AiLegs 外骨骼机器人，患者可以独立使用这款机器人，通过语音提示来控制起立、坐下和行走。

（二）手势控制

目前，以华为手机为代表的产品率先推动了手势识别的大规模手机应用。在康复服务领域，大部分研究主要集中在对手的方向和姿态的识别。2009 年，美国俄克拉何马州立大学设计了可穿戴式手势识别系统。该系统由分割与识别两个模块组成，基于神经网络的分割模块用来检测手势的开始点和结束点，在识别模块中应用了层叠隐马尔可夫模型技术，其采用多传感器融合的方式来收集从脚到腰部的传感信号，几个基本的手势被分配为多个不同的命令，从而帮助残疾人完成对家电的控制。2012 年，美国 David Holz 和 Michael Buckwald 等人研发了震惊世界的 Leap Motion 手指运动捕捉系统，通过红外 LED 和摄像头以其特有的方式来完成对手指的追踪。该系统造价低廉、体积小巧，能同时追踪几十万个目标，是实现手势控制的人机交互的最新技术。2023 年，迪生数字发布的 StretchSense 手指捕捉系统 2.0（图 3-10），配备了 26 个传感器的手套，可测量全自由度的手部动作。这套设备目前面向新时代影视动画、虚拟现实、数字人和游戏制作等领域不断升级的手部动作捕捉应用需求，是一款拉伸传感式手部动作跟踪解决方案。

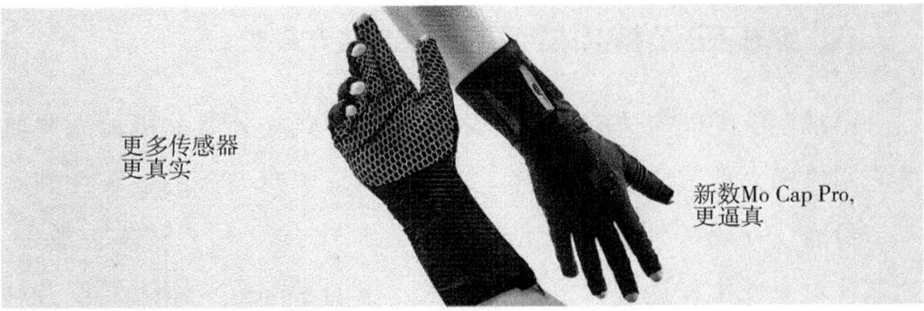

图 3-10　迪生数字发布的 StretchSense 手指捕捉系统 2.0

（三）眼动控制

目前，基于眼球运动控制方式应用于无障碍环境控制领域的技术主要是眼电图法和计算机图形法。2000 年，Lankford 等人设计了基于视觉的眼球追踪装置，通过计算眼角膜反射与瞳孔中心的偏移量来控制鼠标。2003 年，Bates 提出结合眼动追踪和头部操作的计算机访问辅助接口。2011 年，韩国东国大学电气工程学院设计的基于眼球运动的无障碍控制系统通过物体识别和视线跟踪的方法，实现重度残疾人选择和控制家电设备的要求。该系统设计了一种可穿戴的眼镜形状的设备，使用红外相机和照明设备来捕捉图像。实验结果表明，该设备获取的视线跟踪坐标和真实的物体位置只有 1.98 度的误差。谷歌在 2013 年推出的谷歌眼镜可以让穿戴式设备借助无线网络来控制房子周围的物体，该设备能使用视觉识别，通过比如 RFID、蓝牙、红外线甚至是 QR 码，来识别并控制设备。2019 年，瑞典公司 The Tobii Group 不仅为有缺陷的人群开发了辅助通信技术，同时也在研发消费级体验。Tobii 把眼动追踪与键盘、触摸屏和语音等其他输入方式结合，正在革新常规消费设备的界面，使其比传统用户界面更直观、更高效。Tobii 的 Ghost 软件使用眼动追踪来直观地显示用户在看什么。这不仅对游戏玩家有用处，也对电视、电影等节目收集用户偏好数据有更广泛的影响。

八、穿戴系统的模拟体验和远程定制生产模式

穿戴系统的模拟体验和远程定制生产模式在外骨骼机器人领域的应用将极大地改善用户体验，并提高外骨骼机器人的适配性和效果。目前，在国内外前沿研究领域已经提出预康复、预体验概念，主要针对个性化和远程康复服务需求，指明了远程定制康复设备和定制康复服务应用方向。

（1）构建穿戴系统的模拟康复体验

利用虚拟现实技术，为患者提供外骨骼机器人的模拟穿戴体验。患者可以通过虚拟环境模拟在不同场景下使用外骨骼机器人的情况，以提前感受外骨骼机器人的效果和适应性。利用模拟技术模拟外骨骼机器人的生物力学性能，包括步态、支持力度等创造出模拟感知。通过感知模拟，用户能更好地了解外骨骼机器人如何与其自身的运动协同工作，从而提前适应外骨骼机器人的使用。

（2）远程个性化定制生产模式

利用远程传感器技术，进行用户的身体测量和扫描。患者可以在家中通过特定的设备进行测量，获取身体尺寸和结构的详细数据。通过模拟体验和远程定制，可以更准确地适配外骨骼机器人，提高用户穿戴的舒适感，提升其康复效果。基于患者的测量数据，采用计算机辅助设计（CAD）技术，定制外骨骼的设备，确保外骨骼机器人与患者的身体特征完全匹配。基于远程定制的设计，采用3D打印技术制造外骨骼机器人。这样的生产模式能够高效地响应患者的个性化需求，缩短生产周期，提高生产效率。

通过模拟体验和远程定制，外骨骼康复穿戴系统可以更好地满足患者的个性化、特殊化、远程服务需求，为康复领域带来服务便利和创新。

第四章　外骨骼机器人人群与应用场景需求

第一节　外骨骼机器人的各类使用场景

外骨骼机器人的使用场景需求多样，涵盖了医疗康复、老年助行、工业制造、紧急救援、军事应用等多个领域。以下是外骨骼机器人在不同场景中的主要需求。

从事医疗场景的外骨骼机器人多种多样。参与手术的机器人主要包括手术治疗辅助。在医疗康复服务场景中，外骨骼机器人贯穿整个康复阶段，从重症昏迷介入康复到床旁康复，再到早期、中期康复，以及医院康复和居家康复等。以下肢外骨骼机器人为例，它可以综合性提供康复患者生理学和生物力学支持，促进肌肉力量恢复，缓解并发症，改善步态和平衡，帮助病人进行身体机能康复。此外，这种外骨骼机器人还能为老年人、残疾人等行动不方便的人群提供辅助行走助力。

老年助行领域的机器人，主要是辅助行走，为弱能老年人提供运动助力、步行支持，预防跌倒，从而提高老年人的生活独立性。

在生活辅助领域，外骨骼机器人可以为特定消费者提供个性化辅助，如助力行走、提高运动效果等。针对那些需要较长时间行走与站立的人群或职业，如导游、警察、登山爱好者等，可提供运动防护和助力（图 4-1）。

在工业劳动领域，外骨骼机器人能够为从事搬运、举重等重体力劳动的人提供支持，降低他们的职业伤害风险，提高工作效率。当前，在汽车制造、物流等领域有系统性应用，可协助劳动者完成重体力劳动。以汽车行业为例，目前的末端汽车总装线工位依旧无法被自动化设备取代，工人在这些工位作业，其肩部和腰部骨骼关节会有极大损伤。外骨骼机器人的应用可以大幅度增强工人的力量，降低其劳动强度，提高整体作业效率。

图 4-1 外骨骼机器人的典型应用场景

在工业装配辅助领域，外骨骼机器人可以帮助工人完成高空或狭小空间的装配工作，提高操作的精准性和安全性。以物流快递的分拣为例，配送环节是典型的劳动密集型，人力成本较高，穿戴者穿上外骨骼机器人后，能显著提高核心部位（如腰背部）和核心肌群（如腰部竖脊肌）的高强度负重能力，有效减缓工作肌群的疲劳，这不仅降低了人体在运动过程中的能量消耗，还大大提高了工作效率。

在紧急救援场景，外骨骼机器人可为消防员提供额外支持，提高其在烟雾、火灾等复杂环境中的行动能力。在自然灾害中（如地震、洪水等)，为救援人员提供加强的力量和移动支持。

在作战辅助领域，外骨骼机器人既可以提高士兵的作战能力，也可以提高其负重能力，增强其在战场上的携行力和机动性。当前，外骨骼机器人在军事领域的研究发展主要集中在增强士兵的负重能力上。

第二节　外骨骼机器人的康复人群需求

外骨骼机器人可用于康复治疗，帮助患者恢复步态、增强肌肉力量和改善平衡能力。应用于中风、脊髓损伤、脑瘫、骨折等患者，可加速康复过程，提高生活质量。以下肢外骨骼机器人为例，其适用于步行功能障碍、长期卧床的患者，适用的相关疾病包括：① 神经系统疾病，如脑卒中、小儿脑瘫、颅脑外伤、脊髓损伤、帕金森病等；② 肌肉骨骼系统疾病，如下肢骨折内固定术后、髋/膝/踝关节置换、半月板损伤术后稳定期、下肢关节退行性病变慢性期、运动损伤慢性期等；③ 心肺系统疾病，如冠心病、肺炎、慢性阻塞性肺疾病等，这些疾病可能导致长期卧床，进而引起心肺功能下降、行走受限；④ 其他情况，如长期制动引起全身或局部生理功能减退，包括关节挛缩、肌肉萎缩、压疮、便秘、体位性低血压等问题。

外骨骼机器人的典型康复人群需求如下。

一、脑卒中患者

脑卒中俗称“中风”，是由于脑部血管突然破裂引起出血（脑出血）或因血管阻塞导致血液不能流入大脑引起缺血（脑梗死）及脑组织损伤。因其起病急且病情进展迅速，可导致肢体瘫痪、吞咽困难、认知障碍等，严重威胁到人们的生命健康和生活质量，造成严重后遗症，需要长期康复。《中国卒中中心报告 2020》显示，我国正面临着全球最大的卒中挑战。全球疾病负担研究结果显示，2019 年我国新发脑卒中 394 万例，脑卒中患者达 2876 万例，脑卒中死亡人数为 219 万例。此外，脑卒中也是我国伤残调整生命年（Disability Adjusted Life Years，DALYs）的首位原因。2019 年，脑卒中所致 DALYs 达 4590 万，给家庭和社会带来沉重负担。据《潇湘晨报》报道，2020 年，我国 40 岁以上人群中有 1780 万名脑卒中患者，当年新发脑卒中患者达 340 万名，230 万人因脑卒中死亡。2019 年调查显示，脑卒中患者出院后一年内病死率为 8.64%。在尚生存的患者中，残留神经功能障碍者占 58.4%，残疾者占 31.69%，其中轻度残疾者占 14.8%，中度、重度残疾者占 16.89%。另外，《脑卒中康复治疗的护理配合》显示，康复治疗可以使 90%的脑卒中患者恢复步行和自理生活，30%的患者能够恢复较轻的工作；若不进行康复治疗，仅有 6%的患者能够恢复步行和自理生活，5%的患者能够恢复较轻的工作。

二、脊髓损伤患者

脊髓损伤（spinal cord injury）是指由于外界直接或间接因素导致脊髓损伤，在损害的相应节段出现各种运动、感觉和括约肌功能障碍，肌张力异常及病理反射等的相应改变。脊髓损伤可分为原发性脊髓损伤与继发性脊髓损伤，前者是指外力直接或间接作用于脊髓造成的损伤，后者是指外力造成的脊髓水肿、椎管内小血管出血形成血肿、压缩性骨折以及破碎的椎间盘组织等形成脊髓压迫造成的脊髓的进一步损害。

在发达国家，脊髓损伤的发生率为每年每百万人 13.3~45.9 人次。目前，在我国还没有全国性的脊髓损伤发病率的准确数据，但在国内部分地区进行了脊髓损伤发病率的调查。中国康复研究中心和北京卫生信息中心在2002年对收治脊髓损伤患者的86家北京地区医院进行了调查，推算北京地区外伤性脊髓损伤年发生率为60/100万，与北京市20世纪80年代末调查的年发生率6.8/100万相比，年发生率增长迅速。上海市浦东新区在2005—2007年，脊髓损伤的年发生率为25/100万，较之前报道的上海地区13.7/100万的年发生率也有显著升高。大连市脊髓损伤康复治疗现状的调查结果显示，2010年1月至2012年12月，大连市8家医院收治SCI患者共1573例，其中符合纳入标准的患者共有1155例。在这些患者中，颈髓损伤患者为665人，占总人数比例为57.6%；胸段脊髓损伤患者为170人，占总人数比例为14.7%；腰骶段脊髓损伤患者为320人，占总人数比例为27.7%。2010—2012年，脊髓损伤年平均发生率为57.55/100万。天津市脊髓损伤流行病学调查研究显示，年发生率为23.7/100万，颈段、胸段及腰段脊髓损伤所占比例依次为71.5%、13.3%、15.1%；按损伤程度（ASIA）分级，A级、B级、C级和D级所占比例依次为25.2%、18.2%、14.7%、41.9%。

2020版的《创伤性脊柱脊髓损伤康复治疗专家共识》中提到，创伤性脊柱脊髓损伤（Traumatic Spinal Cord Injury，TSCI）是骨科医师面临的临床难题之一。原因在于患者的脊柱结构稳定性被破坏，脊髓严重受损，导致患者的运动、感觉以及大小便功能出现障碍，并具有较高的致残率。TSCI的发生率高达236~4187/100万，其中，中国的TSCI年发生率为23.7~60.6/100万，澳大利亚为370~681/100万，欧洲地区为280~316/100万，而北美地区为721~4187/100万。由此可见，我国TSCI发生率低于世界平均发生率。TSCI患者的年龄集中在18~32岁，这是发生TSCI的主要人群，因为该年龄段的人群在社会中最为活跃且具备社会生产力。从发病部位来看，颈髓 TSCI 是最为常见的类型，占所有 TSCI 病例的 55%~75%，其次是胸髓 TSCI。而交通事故和高处坠落无疑是 TSCI 的主要致伤原因。

《中国脊髓损伤者生活质量及疾病负担调研报告 2023 版》的数据显示，我国现存脊髓损伤患者数量高达 374 万人，而每年新增的脊髓损伤患者约 9 万人。脊髓损伤已成为致残率最高的病种之一，除了导致肢体障碍，还伴随着众多其他并发症，如呼吸系统问题、肠道泌尿系统障碍、皮肤静脉血栓等。由于疾病的复杂性，脊髓损伤患者需要长期甚至终身进行康复治疗，这无疑给社会和患者家庭带来了沉重的负担。长期受失禁问题、泌尿系统并发症以及无障碍出行等问题的困扰，大多数脊髓损伤患者往往抵触出行，逐渐成为社会的“隐形人”。

三、脑瘫患者

小儿脑性瘫痪，又称小儿大脑性瘫痪，俗称脑瘫。它指的是在出生后一个月内，脑发育尚未成熟阶段，由于非进行性脑损伤导致的以姿势和运动功能障碍为主的综合征。这是小儿时期常见的中枢神经障碍综合征，病变部位在脑，累及四肢，常伴有智力缺陷、癫痫、行为异常、精神障碍及视觉、听觉、语言障碍等症状。

2020 年，中国康复医学会发布了《痉挛型脑性瘫痪外科治疗专家共识》，其中明确了矫形器及康复辅助器具的应用，包括常用的踝足矫形器等，作用是稳定关节活动，控制肌肉、肌腱的挛缩，矫正和预防畸形的发生，辅助抗重力伸展活动，以及抑制异常的运动模式。根据出生人口统计报告，脑性瘫痪（简称“脑瘫”）的发生率在不同国家有所差异，如英国为 3.6‰，日本为 2‰~4‰，美国为2.5‰。

一项关于中国0~6岁儿童脑瘫患病率的Meta分析显示，通过对纳入的文献运用Stata 12.0软件进行定量合并和亚组分析，共纳入文献8篇，涉及调查对象527758例，其中脑瘫患儿1022例。分析结果显示，中国0~6岁儿童脑瘫总发生率为2.3‰。

另一项关于我国六省（区）小儿脑性瘫痪患病率及临床类型的调查分析报告指出，共调查1~6岁小儿1047327人，其中脑瘫患儿2009人，发生率为1.92‰。在脑瘫的各种类型中，痉挛型脑瘫最为常见，占53.56%，其次是肌张力低下型占13.39%、共济失调型占10.00%、手足徐动型占4.63%、震颤型占0.85%、强直型占0.55%、混合型占12.44%、分类不详占4.58%。

据不完全统计，我国脑瘫患儿占新生人口的2‰~4‰。目前，我国脑瘫病例不少于600万例，每年新增6万例，其中12岁以下的脑瘫患儿约占三成，约为180万例。

四、失能老人

丧失生活自理能力的老年人被称为“失能老人”。按照国际通行标准分析，吃饭、穿衣、上下床、上厕所、室内走动、洗澡6项指标中，1~2项“做不了”的定义为“轻度失能”，3~4项“做不了”的定义为“中度失能”，5~6项“做不了”的定义为“重度失能”。因行动能力受限引起失能的老年人中的大部分需要辅助器具或外骨骼机器人辅助行走训练。

2015年，第四次中国城乡老年人生活状况抽样调查显示，城镇老年人口占全国老年人口的52.0%，农村老年人口占48.0%。2015年，低龄（60~69岁）老年人口占56.1%，中龄（70~79岁）老年人口占30.0%，高龄（80岁及以上）老年人口占13.9%。老龄产业市场不断升温。一是老年人照护服务需求持续上升。2015 年，我国城乡老年人自报需要照护服务的比例为 15.3%，比 2000 年的 6.6% 上升近 9 个百分点。二是社区为老服务中上门看病需求居于首位。2015 年，城乡老年人的居家养老服务需求项目排在前 3 位的分别是上门看病、上门做家务和康复护理，其比例分别是 38.1%、12.1%、11.3%。其他需求依次是心理咨询或聊天解闷服务为 10.6%，健康教育服务为 10.3%，日间照料服务为 9.4%，助餐服务为 8.5%，助浴服务为 4.5%，老年辅具用品租赁服务为 3.7%。三是老龄用品快速推广应用。2015 年，有 65.6%的老年人使用了老龄用品，其中城镇为 71.8%，农村为 59.0%；使用老花镜的比例为 46.8%，使用假牙的比例为 27.0%，使用血压计的比例为 14.2%，使用拐杖的比例为 9.3%，使用血糖仪的比例为 3.9%，使用按摩器具的比例为 3.3%，使用轮椅的比例为 1.9%，使用助听器的比例为 1.6%，使用成人纸尿裤或护理垫的比例为 1.0%。

2021 年 5 月，第七次人口普查数据显示，60 岁及以上人口为 26402 万人，占总人口的 18.70%。其中，65 岁及以上人口为 19064 万人，80 岁及以上人口约有 3556 万人。北京大学人口学研究报告显示，在 2020 年，我国失能老龄人口达到 5271 万人；预计到 2030 年，我国失能老龄人口将超过 7765.68 万人，失能老年人将经历 7.44 年的失能期。

多项关于老年人生活的调研报告均显示，老年人康复服务的需求越来越强烈，渴望良好的运动和自理能力是老年人越来越看重的生活指标。

第三节　外骨骼机器人的医院与居家康复需求

一、外骨骼机器人的临床使用需求

在医患比例方面，康复与养老行业供需严重失衡，使得能够替代人工服务与提高康复服务效率的康复机器人应运而生。我国的康复人才与康复机构存在较大的缺口。《中国卫生健康统计年鉴》显示，2020 年中国康复执业（助理）医师数量为 4.9 万名，仅占中国执业（助理）医师总数的 1.2%。2021 年 6 月，国家卫健委、医保局等 8 部门发布的《关于加快推进康复医疗工作发展的意见》指出，力争到 2022 年，每 10 万人口康复医师达到 6 人、康复治疗师达到 10 人。到 2025 年，每 10 万人口康复医师达到 8 人、康复治疗师达到 12 人。按照此意见中的 2025 年的目标，我国康复医师缺口为 6.4 万人，康复治疗师缺口为 10.9 万人，人才匮乏较严重，巨大的人才缺口难以在短期内填补。

在治疗效果方面，传统的康复器具需要依赖康复治疗师的经验才能取得较好的康复效果，然而，国内康复治疗师的水平参差不齐，难以借助传统康复器具保证康复效果。在康复医疗资源不足的情况下，我国的中风致残率高达 75%，而欧美仅为 30%。传统康复器具往往笨重且简单，缺乏量化评价指标，且趣味性不足。患者普遍康复周期较长，在使用后体感不佳又难以感受到康复效果，往往容易导致其失去信心，最终放弃康复治疗（图 4-2）。

外骨骼机器人从功能上可分为康复和辅助两种类型。康复类主要适用于脑卒中、脑部损伤、脊柱损伤、神经性损伤、肌肉损伤和骨科疾病等原因造成的上肢或下肢运动功能障碍，通过帮助患者对

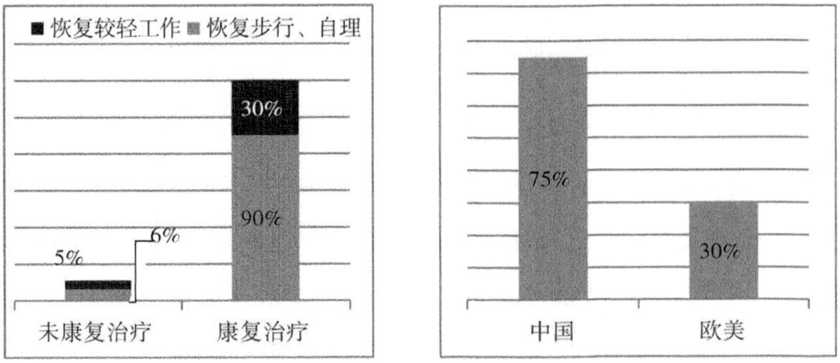

图 4-2 康复治疗效果、国内外致残率对比

大脑运动神经进行重塑，恢复大脑对肢体运动的控制，从而提高患者日常生活能力。以康复为核心功能的康复机器人以适应证为基本需求，以临床疗效为核心目标；以辅助为核心功能的辅助机器人用于为残障人士或行动不便人士提供特定的生活辅助，以安全、舒适、方便为基本目标。目前，外骨骼机器人的临床应用优势主要在于三个方面。

（1）替代康复治疗师的机械重复操作。康复机器人具有机械设备优势，可进行高强度、重复性训练，将医师从繁重、反复的训练中解脱出来，使其更专注于治疗方案的改进，同时也为远程康复及集中化康复医疗提供可能。

（2）精准控制康复治疗过程。利用康复机器人提供的各类传感器测量人体运动学、生理学数据，可为医师改进和优化康复方案提供客观依据；对患者进行功能评估后，康复机器人的治疗强度及不同训练模式主要由算法计算而得，更加贴合患者的实际治疗需求。

（3）结合反馈系统和交互式设计，可为患者设置个性化的任务导向，激励其主动运动意识，同时可以提升治疗过程的趣味性，增强患者的康复信心，提高康复治疗的依从性与康复效果。

二、外骨骼机器人机构需求

2023年10月，国家卫生健康委官网发布《2022年我国卫生健康事业发展统计公报》。公报显示，截至2022年末，全国医疗卫生机构总数1032918个，比上年增加1983个。其中：医院36976个，基层医疗卫生机构979768个，专业公共卫生机构12436个。与上年相比，医院增加406个，基层医疗卫生机构增加1978个。全国共设置13个类别的国家医学中心和儿童类别的国家区域医疗中心。三级医院3523个（其中：三级甲等医院1716个），二级医院11145个，一级医院12815个，未定级医院9493个。三级医院按照国家卫生健康委相关政策要求，需要配置康复科。

据相关卫生健康领域的统计数据显示，我国康复医院数量从2017年的552家增长到2020年的739家，年复合增长率在10%左右。2017—2021年，我国康复医院诊疗人次整体呈上升趋势。2020年，由于新冠疫情影响，就诊人次出现一定幅度减少，就诊人次由2019年的1180万人下降到1100万人左右。2021年，康复医院就诊人次逐渐回升，达到1400万人以上。随着居民消费能力的增强，康复医院诊疗人次将持续增多。

国家统计局2021年发布《中国儿童发展纲要（2011—2020年）》终期统计监测报告，报告强调残疾儿童康复服务水平显著提升。纲要实施以来，国家先后实施残疾儿童抢救性康复项目、残疾儿童康复救助制度，目前全国残疾儿童康复救助政策体系、工作体系和服务网络全面建立，为开展残疾儿童康复救助提供了有力保障。截至2020年底，全国开展残疾儿童康复的残疾人康复机构10440个（图4-3），比2011年增加7300个。2020年，全国共有23.7万名0~6岁残疾儿童接受了基本康复服务，比2016年增加8.7万人，接受基本康复服务的残疾人中 0~6 岁残疾儿童比重为 2.2%。

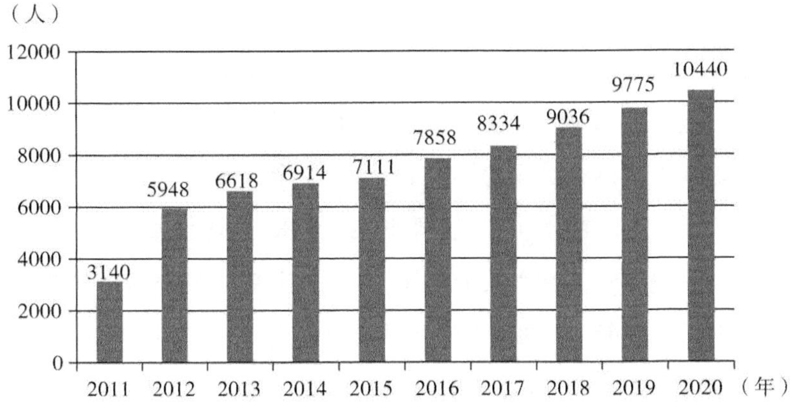

图 4-3　2011—2020 年我国开展残疾儿童康复的残疾人康复机构数量

三、伤残和老年群体居家康复趋势和消费能力

（一）伤残和老年群体家庭收入水平

残疾人家庭收入普遍低于普通人家庭，往往支撑不起医疗和社会服务的高消费。加之当今社会就业情况紧张，内卷严重，本就是困境群体的残疾人就业能力普遍较弱，这使得用人单位普遍担心他们的工作能力、工作效率、工作预期，以及可能带来的健康问题和道德风险。这造成一个客观事实——即便有残疾人就业政策和残保金等政策，企业也更倾向于名义上雇用残疾人，而不愿提供实质性的就业机会和职业发展支持。因此，残疾人家庭的就业率远低于普通人家庭。

《第二次全国残疾人抽样调查主要数据公报》显示，残疾人家庭人均收入不足全国人均水平的一半，处于贫困线以下的达 5000 多万人，占残疾人口总数的 65%左右，占全国贫困人口总数的 50%左右。

为做好《“十三五”加快残疾人小康进程规划纲要》的实施情况监测，经国家统计局批准，中国残联于 2017 年启动了全国残疾人家庭收入状况调查，于2018年正式建立了《全国残疾人家庭收入状况调查制度》。该项调查工作由中国残联统一领导，国家统计局提供技术支持，地方残联负责具体实施。其中，2019年获得中国内地31个省（自治区、直辖市）142个县（市、区）的11421个残疾人家庭为调查样本。调查结果显示，2018年，全国残疾人家庭人均年收入为16112.3元。2018年，全国残疾人家庭人均年支出为10936.3元，其中消费性年支出为10246.6元，占比93.7%；非消费性支出为689.7元，占比6.3%。同期，据国家统计局公布的数据，2018年，全国居民人均可支配收入为28228元。其中，城镇居民人均可支配收入为39251元，农村居民人均可支配收入为14617元。相比之下，残疾人家庭平均收入偏低，且可支配收入较少。

（二）伤残和老年居家康复的趋势

一般认为，居家康复是将现代整体康复护理融入社区和家庭，在康复医师的指导下，以家庭为单位，以社区为依托，对需求者进行相应的评定（包括居住环境、肢体功能及精神状态等），进而制订相应的康复与护理计划，为居家失能者提供康复及护理活动，最大限度地辅助他们的日常生活，通过代偿方式弥补失能，并努力帮助他们恢复身体功能，使他们回归社会的过程。

在自己的家庭和社区中安度晚年，这是绝大多数老年人的愿望和期盼，也是“十四五”以来，社区居家养老服务的创新与发展。我国目前推行的养老模式主要为“9073”，即90%的老年人由家庭自我照顾，采取以家庭为基础的居家养老；7%的老年人享受社区养老服务，社区提供日间照料；3%的老年人享受机构养老服务。与之对照，我国现有残疾人数量达8500多万人，慢性病发病人数达3亿人，康复行业供给缺口进一步扩大，几乎每家医院的康复科都存在床位紧张的状况。国家卫健委发布的《2019中国卫生健康统计年鉴》表明，2018年，我国共有康复医院637家，这意味着全国平均每个城市拥有不到一家康复专科医院。除了三甲医院，一些基层医院由于设备不足、理念落后、人才缺乏等原因，也无法满足康复的需求。随着康复需求的不断提升，未来85%以上的人群必须选择居家康复。

受现实需求的影响，目前康复产业研究机构倾向于未来康复服务有两个发展趋势。一是专业细分化。专科康复将成为主流的康复服务模式，综合康复医院在基建成本、科室建设、床位投入、人员投入等方面门槛较高，需要大量资金支持。相比之下，专科康复中心的门槛则要低很多，管理运营也没那么烦琐，管理运营风险较低，更容易快速发展。二是康复智能产业发展促进居家康复快速发展。伴随着人工智能、大数据、物联网等高科技在康复医疗中的应用，康复医疗进入了智能化、信息化时代。特别是外骨骼机器人，它通过对肢体运动的系统化训练刺激，有助于神经系统功能的恢复和重建，在一定程度上实现了替代康复治疗师的作用，简化了传统“一对一”的繁重治疗过程，并能够成为远程医疗服务的桥梁，同时帮助行动障碍患者居家主动行走和恢复训练，有效干预病情的治疗进展。

（三）伤残和老年群体居家康复的消费调查

2020年新冠疫情开始后，大量患者受疫情影响选择居家康复。为了了解伤残患者居家康复的条件和消费选择，笔者在2020年做过一项有关智能康复辅具在居家康复中的租赁需求的调研，调研目的是了解伤残群体的普遍居家条件、康复服务需求、康复设备租赁需求、康复设备租赁支付能力等情况。

1. 调查问卷

智能康复辅具居家康复租赁市场调研问卷

新冠肺炎疫情肆虐之时，我们看到很多患者因为医院康复科不能提供正常的住院和门诊康复服务而无法获取康复训练服务。在此，我们希望能够了解患者的居家康复需求，并期望能找到居家康复的解决方案，提供配套的康复训练租赁服务。在这里，感谢您能够抽出几分钟时间填写本次市场调研问卷，帮助我们回馈宝贵意见。

第一部分　基本情况

1. 您或家人朋友的病情或症状？

A. 脊髓损伤　B. 中风偏瘫　C. 脑瘫　D. 其他疾病　E. 感兴趣答题

2. 您或家人朋友做过多少时间康复？

A. 1 年以内　B. 1~2 年　C. 2~3 年　D. 3 年以上

第二部分　居家条件

3. 您居住的楼层有无电梯？

A. 6 层以下无电梯　B. 电梯房　C. 平层　D. 其他

4. 您家居住的是几居室？

A. 1 居室　B. 2 居室　C. 3 居室　D. 4 居室　E. 5 居室及以上

5. 如果在家康复，您家人是否有时间全程陪同训练？

A. 有老伴陪护，时间充裕　B. 有年轻人陪护，时间充裕

C. 有保姆等专人陪护

D. 有年轻人照顾，但仅限于下班或者休息时间　E. 没有人陪同训练

F. 其他

第三部分　康复服务和康复设备租赁意向

6. 如条件允许，您或家人更偏向于居家康复，还是去医院康复训练？

A. 去医院康复　B. 在家康复　C. 去其他机构康复

7. 对于康复设备，您更倾向于购买、租赁还是？

A. 愿意购置　B. 愿意租赁　C. 去医院进行综合训练

8. 您期望租赁的康复设备类型？

A. 大型综合康复训练设备

B. 普通综合康复训练设备，包括理疗设备和运动训练设备

C. 智能康复或者最新科技类康复设备

D. 生活类辅助器具（轮椅等）

9. 如果有租赁意向，您希望一次租赁康复训练多长时间？

A. 1 个月　B. 2~3 个月　C. 3~6 个月　D. 6~12 个月　E. 1 年以上

> 第四部分　租赁市场需求
> 10. 参考康复设备的获益程度，或综合训练方案【多类型设备，包含智能康复设备】，如果有可以期待的康复收益，您和您的家庭每年愿意支付多少钱用于康复设备租赁？
> A. 5000 元以下　B. 5000～1 万元　C. 1 万～2 万元　D. 2 万～3 万元
> E. 3 万～4 万元　F. 4 万～5 万元　G. 5 万～7 万元　H. 7 万～10 万元　I. 10 万元以上
> 11. 如果居家康复，您希望居家康复服务提供商提供哪些有偿设备租赁和康复服务【多选】？
> A. 物流运输到家安装调试、上门指导操作、康复师上门训练
> B. 远程康复技术支持、远程康复教学指导、上门维护

2. 调查问卷发放回收数据

此项调查发放问卷 233 份，回收有效问卷 157 份，主要调查工作由民政职业大学学生、北京大艾机器人科技有限公司市场团队协助进行。其中，电话联络患者回收有效问卷 64 份，微信朋友圈、网络发放并回收问卷 55 份，各地医院反馈 38 份。

3. 调查结果与分析

（1）患者的基本情况

被调查的 157 名患者中，脊髓损伤、脊髓炎等神经损伤患者 34 名，脑卒中、脑干出血、脑损伤等患者 73 名，脑瘫患者 21 名，帕金森、心肺功能障碍、骨伤术后、DMD 等各类其他疾病患者 29 名；被调查的患者中，按照患病病程和参与康复的情况，康复训练 1 年以内的占比 11.5%，康复训练 1～2 年的占比 29.9%，康复训练 2～3 年的占比 16.6%，康复训练 3 年以上的占比 42%。

（2）被调查患者的居家条件

被调查的患者中，居住在 2 层及以上无电梯城市楼房的占比 30.6%，居住在 2 层以上电梯房的占比 28%，居住在楼房 1 层、农村宅院等平层的占比 39.5%，居住在别墅或其他地方的占比 1.9%。

居住条件方面，5.7%的患者家庭为1居厅室，42.7%的患者家庭为2居厅室，26.8%的患者家庭为3居厅室，5.1%的患者家庭为4居及以上厅室，19.7%为其他居住条件的患者。

（3）被调查患者的照料情况

被调查的患者中，按照陪护照料的时间和照料人情况分，19.1%有老伴陪护，时间充足；46.5%有年轻人陪护，时间充裕；11.5%有保姆等专人陪护；14.6%有年轻人照顾，但仅限于下班或休息时间；3.2%无人照料；5.1%属于其他情况。

（4）被调查患者的居家康复意向

被调查的患者在家庭条件允许的情况下，77.7%认可居家康复作为首选，16.6%选择去医院进行综合康复训练，5.7%选择去其他机构康复训练。

（5）被调查患者的设备租赁意向和需求

被调查的患者在设备租赁意向方面，14%倾向于自己购置康复设备，67.5%愿意租赁设备康复训练，18.5%希望去医院使用康复设备训练。

有设备租赁意向的患者中，希望一次租赁一个月的占2.8%，希望一次租赁2~3个月的占13.2%，希望一次租赁3~6个月的占18%，希望一次租赁6~12个月的占57.5%，希望一次租赁一年以上的占8.5%。

（6）在设备租赁类型方面（复合选项）

5.1%的患者希望租赁大型综合康复训练设备，61.1%的患者希望租赁普通综合康复训练设备（包括理疗设备和运动训练设备），79.6%的患者希望租赁智能康复或者最新科技类康复设备。

（7）在设备租赁配套服务方面（复合选项）

按照患者的重点关注点分，78.3%的患者优先看中物流运输、到家安装调试，57.3%的患者选择上门操作与指导培训，56.1%的患者选择上门维护和保养，48.4%的患者选择远程康复技术支持，45.9%的患者选择康复师上门训练和康复师操作，38.9%的患者希望得到远程康复教学服务。

（8）被调查患者的设备租赁支付能力方面

在配套综合训练方案和预期可能康复收益的基础上，患者愿意自费支付一定费用租赁康复设备居家自行康复训练。24.2%的患者年康复设备租赁支付意向小于 1 万元，35%的患者年康复设备租赁支付意向在 1 万~2 万元，14%的患者年康复设备租赁支付意向在 2 万~3 万元，18.5%的患者年康复设备租赁支付意向在 3 万~5 万元，4.5%的患者年康复设备租赁支付意向在 5 万~7 万元，2.5%的患者年康复设备租赁支付意向在 7 万~10 万元，1.3%的患者年康复设备租赁支付意向可达 10 万元以上。

4. 研究分析

（1）居家康复的迫切需求性

本次调查的患者反馈中，77.7%的患者认为在条件允许的情况下，居家康复及居家康复设备租赁作为康复首选，这一结果与我国当下康复医疗的大环境息息相关。

首先，受限于居住环境和出行能力，绝大多数伤残患者在度过早期康复阶段后，无法坚持继续住院或以流动形式前往医院就医。

其次，康复医疗资源与快速增长的康复需求形成了供需不平衡问题，而康复患者往往需要长期甚至终身的康复治疗，这种相对独特的医疗环境会迫使很多患者不得不选择居家康复训练。

除此之外，就病情而言，功能障碍较重、基础疾病较多的患者，更希望选择在专业的康复医疗机构内进行系统康复，而功能症状较轻和以提升身体机能、改善外在症状为康复目的的患者，对在医院内康复的依赖程度更低，更偏好居家康复训练。

（2）康复设备租赁将成为居家康复的发展趋势

综合考虑患者的居家环境，我们发现50%以上的家庭有租赁康复设备的场地环境，30%以上的家庭可以租赁稍占空间的综合康复设备。居家生活需要家人的陪同照料，居家康复也需要家人的全程陪同和协助训练。在患者的居家照料方面，接近78%的患者具备监护协助下的居家康复条件。协助患者居家康复的主力人群是其子女或者年轻的亲属。

此次康复设备租赁调查正值新冠疫情大流行期间，对健康和安全的担忧，使得居家康复成为被调查群体的期待和希望。以远程指导、康复技术共享、康复服务直播为代表的特色康复服务，开始进入更多伤残群体的视野。或许有一天，通过新技术和居家康复训练的服务转型，患者居家期间就可以收到由医疗服务提供者创建的定制计划，在家中根据医生的指导开展康复训练，而医生又可以跟踪他们的依从性和训练成果，并为他们相应地调整计划，如此，居家康复必定成为康复治疗的一个重要组成部分。

（3）伤病残疾群体康复设备租赁市场的规模

鉴于样本量的覆盖广度有限，此次调查结果会有一定的局限性。此次调查中，患者在家庭经济条件方面的基本镜画像如下：高收入者的比例不超过调查人群的5%，中等收入者的比例约占调查人群的35%，中低收入者的比例约占调查人群的60%。总体而言，高收入者的家庭可以接受每年10万元上下的设备租赁服务支出，中高收入者的家庭可以接受3万~5万元的年康复设备租赁服务支出，中等收入者的家庭可以接受2万~3万元的年康复设备租赁服务支出，低收入者的家庭虽然支付能力有限，但在有康复预期保障的情况下，大部分仍有意向去租赁康复设备。

按照样本统计基础数据计算，接受本调查的患者居家设备租赁可支付能力按照平均计算，人均可支付居家康复成本为 1.7 万~3.1 万元/年。考虑到我国有超过 8500 万各类残疾人、4000 多万失能老人以及每年新增千万慢性病康复等人群，居家康复训练设备租赁市场未来可期，有望达数十亿元规模。

四、伤残、老年群体康复和生活主体辅助需求

残疾人的运动等级、生活自理能力不同，对外骨骼机器人的需求会因个体情况和残疾类型而异。有些生活辅助需求与运动没有关系，主要包括娱乐、护理照料、言语沟通、数据交互等方面的需求；有些生活辅助需求与运动有关系，属于提升活动能力辅助运动的工具，这方面比较契合外骨骼机器人的发展思路。以下是常见的与运动相关的伤残、老年群体的智能化生活主体辅助需求（表 4-1），也是现在伤残、老年群体应用外骨骼机器人、智能康复机器人、人形机器人、智能康复技术等热点的研究方向。

表 4-1　与运动相关的智能化护理和生活辅助功能性需求

编号	常见生活需求领域	细分需求	常见技术方向，产品开发类别
1	专用老年、残疾运动设备的控制技术	专用老年、残疾运动设备的控制技术	患者定位导航 语音交互 眼控技术 脑机接口 视频互动 AR/VR 等
2	帮助患者转移的设备和工具	翻身的用品	翻身装置、翻身抓手、背带或摇动翻身的智能设备等
		转移辅助工具	移乘板、移位滑垫转盘、移乘带/移位带、移动吊架等
		智能或多场景转移设备	医护服务：直立式移位机、便携式电动移位机、自动担架；智能天轨训练系统 家庭服务：如邦邦机器人，提供站立、出行和多场景转移

续表

编号	常见生活需求领域	细分需求	常见技术方向，产品开发类别
3	辅助出行的轮椅体系	电动轮椅	道路型动力转向电动轮椅车、折叠式电动轮椅车、多功能电动轮椅车、遥控折叠电动轮椅车；各类动力转向轮椅；爬楼梯轮椅、电动站立轮椅、外骨骼轮椅
		助力自行车	能够提供双脚踏步户外运动，双轮助力行走，提升生活品质
4	辅助器功能障碍人群短距离行走助行器	多功能助行器	以智能语音引导和智能交互为主的手杖，可针对视力和反应能力减弱的人群 能够提供给有行走能力的患者，安全辅助器行走设备，并有矫正步态和交互的设备
	提升生活智能化的护理服务	护理床	提升护理品质和监护水平、提升生活品质的床系列，包括智能多功能床椅一体机、半自动一体化床椅、轮椅式护理床；自动清便床（包含大小便的检测预警，冲洗烘干，洗浴）；多功能护理床、可旋转护理床、多功能翻身护理床、电动康复治疗床
		卫浴	语音交互或人机交互的自动马桶和洗浴装置 可以帮助洗浴的机器人，如洗头机器人；多功能洗浴机、智能洗澡机、全自动洗澡机、移动助浴洗澡机、智能卧床洗浴机、温泉机、智能淋浴机 多功能电动卫生椅、挂墙式升降沐浴椅、多功能可移动洗澡椅

续表

<table>
<tr><th>编号</th><th>常见生活需求领域</th><th>细分需求</th><th>常见技术方向，产品开发类别</th></tr>
<tr><td rowspan="4">4</td><td rowspan="4">提升生活智能化的护理服务</td><td>“二便”照料智能装置</td><td>用于“二便”发现和处理的智能排泄护理机、智能穿戴式集尿器、穿戴式大小便护理机器人、穿戴式智能大小便处理系统、全自动卧床排泄处理系统</td></tr>
<tr><td>失禁照料的机器人</td><td>大小便失禁报警、监护，清洗、干燥、消毒一体化</td></tr>
<tr><td>家庭药物注射</td><td>药物注射机器人
智能药盒、家用智能给药装置、配药机器人</td></tr>
<tr><td>人形机器人</td><td>用于生活照料、情感和生活陪伴、生活多功能助手的人形服务机器人</td></tr>
<tr><td rowspan="2">5</td><td rowspan="2">提升家庭无障碍环境</td><td>智能家居</td><td>用于伤残人家庭改造和控制方案的智能家居方案</td></tr>
<tr><td>餐饮辅助机器人</td><td>帮助做饭的机器人
给失能老人喂食的康复服务机器人</td></tr>
<tr><td rowspan="3">6</td><td rowspan="3">生活运动训练和行走辅助场景</td><td>模拟生活和生活场景的运动系统</td><td>数字全景运动系统：通过传感采集器实现对使用者移动轨迹、位置、速度的捕捉和采集，实现使用者和各类效果之间的实时互动。主材质为金属、塑料、电子元器件、电子屏幕等，具有人机互动功能。适用于自闭症、脑瘫、多动症、智障、肢体功能障碍等群体，可进行互动游戏式训练</td></tr>
<tr><td>对身体和生理情况标定和检测评估技术</td><td>目前比较热点的研究包括：步态分析评估；姿势体态评估；运动能力评估；跌倒预警；智能床垫，智能坐垫</td></tr>
<tr><td>个人移动和训练辅助器的康复辅助器具</td><td>智能代步机器人、智能辅助移动机器人、胸（腰）骶髋膝踝足外骨骼康复训练机器人、智能家用下肢康复运动器、外骨骼康复行走训练机器人、行走辅助机器人</td></tr>
</table>

续表

编号	常见生活需求领域	细分需求	常见技术方向，产品开发类别
6	生活运动训练和行走辅助场景	运动、肌力、平衡训练的设备	临床中各种减重步行训练器；移动式单侧下肢外骨骼机器人、下肢外骨骼步行辅助器、健步机器人 临床中各种上肢、下肢、躯干智能康复训练机器人 以脑机接口康复训练系统、上肢综合康复训练系统为代表的神经反馈训练技术
		智能矫形体系	智能化关节康复监护的矫形器 关节智能牵引运动的矫形器，包括手指运动、颈椎腰椎智能牵引器 下肢膝关节、踝关节等关节助力行走和运动辅助的智能矫形器

在满足残疾人不同运动等级和运动补偿需求的同时，外骨骼机器人的设计应充分考虑人机交互、舒适性、便携性和可控性等因素，以确保患者能够更好地融入社会，提高生活质量。

第五章　国内外骨骼机器人的相关政策、福利体系、产业现状和市场前景

第一节　国内外骨骼机器人的政策支持

外骨骼机器人作为典型的助行设备和康复辅助器具，不仅自带技术光环，还可能打破现有的康复辅助器具的技术适配体系，更有可能突破现有的康复服务模式和瓶颈。因此，外骨骼机器人领域成了资本追逐的宠儿，也是政策重点支持的发展方向。

一、康复辅助器具领域的政策支持

2016 年 10 月 23 日，国务院印发《关于加快发展康复辅助器具产业的若干意见》，首次对康复辅助器具产业进行顶层设计和谋篇布局，明确了基本原则和发展目标，提出了增强自主创新能力、促进产业优化升级、扩大市场有效供给、营造良好市场环境 4 个方面的主要任务，同时强调了税收、金融、财政资金、消费支持、人才队伍建设 5 个方面的政策支持措施。通知要求将老年人、伤病人护理照料，残疾人生活、教育和就业辅助，残疾儿童抢救性康复等作为优先发展领域，推动“医工结合”，支持人工智能、脑机接口、虚拟现实等新技术在康复辅助器具产品中的集成应用，支持外骨骼机器人、照护和康复机器人、仿生假肢、虚拟现实康复训练设备等产品研发，形成一批高智能、高科技、高品质的康复辅助器具产品。此

后，国家各部门、各省（自治区、直辖市）陆续出台了多项政策和措施，扶持康复辅助器具行业发展，支持外骨骼康复辅助器具产业的创新。

国务院印发《关于加快发展康复辅助器具产业的若干意见》后，全国各省（自治区、直辖市）纷纷出台相关支持政策，落实康复辅助器具政策性支持。2017 年 7 月 21 日，广东省《关于加快发展康复辅助器具产业的实施方案》中明确提到，支持外骨骼机器人、照护和康复机器人、仿生假肢、虚拟现实康复辅助器具等具有自主知识产权的国有产品在市场上推广应用，培育一批国际国内知名产品、知名品牌。2017 年 11 月 24 日，北京市人民政府办公厅印发《关于加快发展康复辅助器具产业的实施意见》明确指出，建设国际先进研发中心，发展附加值高、资源消耗低的康复辅助器具产品，重点发展智能辅具、康复机器人、增材制造等新材料、新技术、新设备。2017 年 9 月 8 日，山东省人民政府印发《关于贯彻国发〔2016〕60 号文件加快发展康复辅助器具产业的实施意见》明确提出，深入实施创新驱动发展战略，将智能辅具、康复机器人、仿生假肢、3D 打印技术、康复训练装备，尤其是老年人、伤病人护理照料类康复辅助器具产品和残疾儿童抢救性康复辅助器具产品等作为重点支持的发展领域。鼓励鲁西北等地区根据资源环境承载能力，因地制宜发展劳动密集型康复辅助器具产业。加快发展残障辅助机器人、康复机器人、外骨骼机器人、医用机器人和虚拟现实康复训练设备等产品的研发及产业化，形成一批高智能、高科技、高品质的康复辅助器具产品。开展康复辅助器具社区租赁和回收再利用服务试点，在有条件的社会福利机构、养老机构、残疾人托养机构中设立康复辅助器具配置服务站点，开设康复辅助器具展示间、体验点，逐步建立康复辅助器具基本服务网络。整合利用相关资源，建立省级康复辅助器具产品服务信息平台，完善产品目录和配置指引，促进供需有效衔接。2017 年 9 月 21 日，上海市人民政府印发的《关于加快发展康复辅助器具产业的实施意见》明确提出，试点将老年人康复训练与康复辅助器具配置相结合，在本市养老机构、社区养老服务机构、儿童福利机构、残疾人福利机构等场所开设康复辅助器具展示间，设立一批康复辅助器具体验点，有条件的机构设置康复辅助器具配置服务站点，并依托这些机构逐步健全康复辅助器具服务网络。将老年人、伤病人护理照料，残疾人生活、教育和就业辅助，残疾儿童抢救性康复等作为优先发展领域，推动“医工结合”，支持人工智能、脑机接口、虚拟现实等新技术在康复辅助器具产品中的集成应用，支持外骨骼机器人、照护和康复机器人、仿生假肢、虚拟现实康复训练设备等产品研发，形成一批高智能、高科技、高品质的康复辅助器具产品。2018 年 4 月 10 日，广东省深圳市人民政府办公厅印发《深圳市加快发展康复辅助器具产业的实施方案》，对科技类企业重点研发资助，建立康复辅具“需求目录”征集机制，重点资助康复辅具企业及研发机构运用通用设计、人因工程、美学创意的理念，创新研发残疾预防、人工智能、可穿戴设备、康复及护理机器人、仿生设备、3D 打印技术、康复训练设备等康复辅具产品；对康复辅具领域基础性、前沿性、关键核心技术攻关项目给予资助。

为贯彻落实国务院《关于加快发展康复辅助器具产业的若干意见》，按照《民政部 发展改革委 科技部 工业和信息化部 质检总局 中国残联关于开展国家康复辅助器具产业综合创新试点的通知》（民发〔2017〕150 号）要求，在各地积极申报的基础上，经专家评审并向社会公示，民政部、发展改革委、科技部、工业和信息化部、质检总局和中国残联共同印发了《关于确定国家康复辅助器具产业综合创新试点地区的通知》（民函〔2017〕266 号），确定河北省石家庄市、河北省秦皇岛市、内蒙古自治区呼和浩特市、黑龙江省齐齐哈尔市、江苏省常州市、浙江省嘉兴市、江西省赣州市、山东省烟台市、山东省泰安市、广东省深圳市、四川省攀枝花市11个市和甘肃省兰州市（兰州新区），为国家康复辅助器具产业综合创新试点地区。此次试点的主要目标是，将康复辅助器具产业打造成推动经济转型升级的先导产业，产业增长速度超过本地区GDP增长速度，不断满足老年人、残疾人和伤病人多层次、多样化的康复辅助器具配置服务需求。2018年6月15日，江西省赣州市人民政府办公厅发布《关于印发〈赣州市国家康复辅助器具产业综合创新试点实施方案〉的通知》，提出建设产业基地，到2019年底，将定南县打造成全国性智能康复辅助器具示范基地，产值突破30亿元，吸纳从事智能化康复辅助器具、创新型残疾人服务企业超20家，形成集产品设计、研发、制造、展销及体验服务于一体的中高端智能化产业中心，促进康复辅助器具产业与残疾人工疗、体疗、娱疗等互动发展。将康复辅助器具纳入社区和居家养老服务网络平台，在老年人日间照料中心、托老所、老年人活动中心、互助式养老服务中心等社区养老服务设施中配备康复辅助器具设备。完善康复辅助器具工伤保险支付制度和基本康复辅助器具保险制度；支持保险机构创新开发康复辅助器具商业险种；鼓励金融机构创新消费信贷产品，支持康复辅助器具消费。2018年8月13日，甘肃省兰州市兰州新区出台了《兰州新区支持国家康复辅助器具产业综合创新试点工作政策措施清单》，进一步加强政府采购项目的需求管理，国产康复辅助器具能够满足要求的，原则上须采购国产产品，加大对创新康复辅助器具的采购力度。

围绕国务院《关于加快发展康复辅助器具产业的若干意见》，民政部、发展改革委等24个加快发展康复辅助器具产业部际联席会议成员单位，还联合下发了《关于印发支持国家康复辅助器具产业综合创新试点工作政策措施清单的通知》（民发〔2017〕151号），明确了研发创新、企业发展、财税政策、进出口政策、支持产权保护、服务网络、消费保障等方面29条支持政策措施。2019年12月31日，《关于促进老年用品产业发展的指导意见》（工信部联消费〔2019〕292号）发布，明确提出，针对老年人功能障碍康复和健康管理需求，加快人工智能、脑科学、虚拟现实、可穿戴等新技术在康复训练及健康促进辅具中的集成应用。各类政策都明显利好康复、康复辅助器具、康复服务领域。

民政部发布的数据显示，2015年，全国康复辅助器具产业规模约为4300亿元，而2020年产业规模就已突破7000亿元，年均增长率超过15%。据预测，到2025年，全国康复辅助器具产业规模将突破1万亿元，产业产值年均增长率将远超同期经济增长水平。2014年6月，民政部正式发布《中国康复辅助器具目录》。这是我国首次在国家层面发布的康复辅助器具目录，对统筹推动康复辅助器具产业，充分发挥康复辅助器具在养老服务、残疾人事业等领域作用具有重要意义。国务院印发的《关于加快发展康复辅助器具产业的若干意见》，首次将康复辅助器具产业作为独立业态在国家层面加以部署安排。民政部深入贯彻落实党中央、国务院的决策部署，根据康复辅助器具产业发展情况，组织修订《中国康复辅助器具目录》，新版目录2022年6月启动修订，2023年11月30日完成发布。新版《中国康复辅助器具目录》收录了12个主类、101个次类、432个支类的康复辅助器具，共计1490个品名举例产品，为进一步完善康复辅助器具产业政策体系奠定了基础。

二、机器人制造领域的政策支持

制造业是国民经济的主体，是立国之本、兴国之器、强国之基。

2015年前后，与世界先进水平相比，中国制造业仍然大而不强，在自主创新能力、资源利用效率、产业结构水平、信息化程度、质量效益等方面差距明显，转型升级和跨越发展的任务紧迫而艰巨。2015年5月，由百余名院士、专家着手制定，国务院发布的《中国制造2025》，为中国制造业设计顶层规划和路线图。其中，机器人领域以及高性能医疗器械领域均被列入中国制造业十大重点发展领域。在机器人领域，注重医疗健康机器人、工业机器人、特种机器人等服务机器人应用需求，积极研发新产品，促进机器人标准化、模块化发展，突破伺服电机、控制器、传感器与驱动器等关键零部件及传感系统、驱动系统等集成设计制造技术瓶颈。而外骨骼机器人作为高性能医疗健康机器人将备受关注。

此后，各省（自治区、直辖市）纷纷出台支持智能制造和机器人发展的规划或行动计划，以天津市、安徽省、陕西省为例。2018年1月25日出台的《天津市加快推进智能科技产业发展总体行动计划和十大专项行动计划》，将智能机器人作为核心重点布局产业，推动人工智能技术与机器人技术深度融合，重点支持人机共融特性的机器人研发及产业化。围绕智能感知、模式识别、智能分析和智能决策等特定应用功能，重点发展水下机器人、农业机器人、金融服务机器人、医疗康复服务机器人等。2018年7月5日出台的《安徽省机器人产业发展规划（2018—2027年）》，明确发展外骨骼机器人，推动服务机器人研制企业与中国科学院及中国科技大学等国内外科研院所的交流和合作，引入英国Rex Bionics PLC、美国Ekso Bionics等国外先进企业的力量，研制开发外骨骼机器人等，为患者提供助力、保护、身体支撑等功能，同时融合传感、控制、信息获取、移动计算等机器人技术，使得机器人能在操作者的无意识控制下具备助力行走等功能。2018年9月22日出台的《西安市机器人产业发展规划（2018—2021 年）》，提出重点发展“机器人+健康”，推动医疗健康智能化。推广医疗机器人应用，鼓励市属医院应用手术机器人、康复护理机器人、配药机器人和诊断辅助机器人等。支持医疗机构与市内机器人企业、高端装备企业及电子企业开展合作，研发生产先进、精密、高端的医疗机器人。鼓励医院加强医师培训，提高人机协作能力，提升机器人辅助诊疗水平。通过政府采购，推广应用于社区医疗机构的康复护理机器人、诊断辅助机器人等，推广配药机器人在药店的应用，率先选择 3～5 家医药连锁企业开展试点，总结经验后进行推广。发挥福彩公益金服务作用，推广康复护理机器人在养老服务机构的应用。到 2021 年，实现全市各医疗、养老服务机构和药店推广使用医疗机器人总量达到 1800 台，建设“机器人+医疗”应用示范医院 5 家，建设医疗机器人应用标准化科室 10 个。

在针对康复机器人的政策发展方面，2021 年印发的《“十四五”机器人产业发展规划》将康复机器人列为机器人拓展新兴应用的方向之一，要求拓展服务机器人在医疗康复、养老助残等领域的应用。加快医疗、养老等领域机器人标准制定、产品认证或注册，鼓励企业建立产品体验中心。探索建立新型租赁服务平台，鼓励发展智能云服务等新型商业模式。2023 年工业和信息化部等 17 部门印发的《“机器人+”应用行动实施方案》，加快推动多模态量化评估、多信息融合情感识别、柔顺自适应人机交互、人工智能辅助等新技术在养老服务领域的应用，积极推动外骨骼机器人、养老护理机器人等在养老服务场景的应用验证。鼓励养老领域相关实验基地把机器人应用作为实验示范重要内容，研发推广科技助老新技术新产品新模式。研究制定机器人助老助残技术应用标准规范，推动机器人融入养老服务不同场景和关键领域，提升养老服务智慧化水平。

随着产业规模越来越大，机器人核心技术和应用不断突破，基础制造和应用政策的细化深化变得尤为重要。在构建产业生态、培育技术领航的上市企业及攻克“卡脖子”技术方面，各省（自治区、直辖市）政府纷纷出台相关政策，其中以“北上深”政府相继出台的机器人相关支持政策最具代表性。2023 年 3 月 1 日，工业和信息化部部长金壮龙提出将加快布局人形机器人。随后，山东、北京、上海、深圳等地陆续发布、实施关于人形机器人等产业的利好政策，“北上深”作为中国高科技产业的主要聚集地，率先拉开了机器人产业生态建设的序幕。2023 年 4 月发布的《北京市机器人产业创新发展行动方案（2023—2025 年）》指出，着眼世界前沿技术和未来战略需求，加紧布局人形机器人。对标国际领先人形机器人产品，支持企业和高校院所开展人形机器人整机产品、关键零部件攻关和工程化，加快建设北京市人形机器人产业创新中心，争创国家制造业创新中心。2023 年 8 月 16 日，北京市经济和信息化局印发《北京市促进机器人产业创新发展的若干措施》的通知，是对《北京市机器人产业创新发展行动方案（2023—2025 年）》的进一步落实。《北京市促进机器人产业创新发展的若干措施》中就加快机器人技术体系创新突破、推动机器人产业集聚发展、加快“机器人+”场景创新应用、强化机器人产业创新要素保障 4 个方面给出 16 条解决措施。每一条解决措施都给出明确的解决方案、配套资金补贴和政策支持。以第一条提升机器人关键技术创新能力措施为例，明确指出组织实施机器人产业“筑基”工程，发布产业关键技术攻关清单，围绕机器人操作系统、高性能专用芯片和伺服电机、减速器、控制器、传感器等关键零部件，以及人工智能、多模态大模型等相关技术，支持企业组建联合体，通过“揭榜挂帅”聚力解决机器人产业短板问题和“卡脖子”技术难题。根据攻关投入予以支持，最高 3000 万元。

三、医疗器械服务领域的政策支持

自 2000 年 1 月 4 日，中华人民共和国国务院令第 276 号首次发布《医疗器械监督管理条例》以来，医疗器械按照风险程度实行分类管理，按风险从低到高相应分为一、二、三类，重点监管高风险产品。中华人民共和国国务院令第 650 号公布，2014 年 6 月 1 日实施的《医疗器械监督管理条例》（修订版）第五条提到，国家鼓励医疗器械的研究与创新，发挥市场机制的作用，促进医疗器械新技术的推广和应用，推动医疗器械产业的发展。中华人民共和国国务院令第 739 号公布，2021 年 6 月 1 日实施的《医疗器械监督管理条例》（修订版）第八条、第九条、第十二条规定，国家制定医疗器械产业规划和政策，将医疗器械创新纳入发展重点，对创新医疗器械予以优先审评审批，支持创新医疗器械临床推广和使用，推动医疗器械产业高质量发展。国务院药品监督管理部门应当配合国务院有关部门，贯彻实施国家医疗器械产业规划和引导政策。国家完善医疗器械创新体系，支持医疗器械的基础研究和应用研究，促进医疗器械新技术的推广和应用，在科技立项、融资、信贷、招标采购、医疗保险等方面予以支持。支持企业设立或者联合组建研制机构，鼓励企业与高等学校、科研院所、医疗机构等合作开展医疗器械的研究与创新，加强医疗器械知识产权保护，提高医疗器械自主创新能力。对在医疗器械的研究与创新方面作出突出贡献的单位和个人，按照国家有关规定给予表彰奖励。

在医疗器械创新方面，国家药品监督管理局 2018 年 11 月 1 日发布的《 创新医疗器械特别审查程序》中提到，鼓励医疗器械研发创新，促进医疗器械新技术的推广和应用，推动医疗器械产业发展。各省（自治区、直辖市）也有自己的医疗器械支持政策。安徽省人民政府2018年7月9日印发的《支持现代医疗和医药产业发展若干政策》中明确制定《安徽省创新型医疗器械产品目录》，支持创新药械产品推广应用。对医药企业产品取得国际注册批件并落户本省生产的，每获取1个产品的国际注册批件给予50万元奖励；同时支持发展新型医疗服务模式，鼓励医疗机构运用信息化、智能化技术装备，开展康复保健等医疗服务。《广东省人民政府关于印发广东省促进健康服务业发展行动计划（2015—2020年）的通知》在培养发展健康服务业相关支撑产业中就曾提到，重点推进医药产业研发和应用，着力发展医药和医疗器械产业，引导企业加大具有自主知识产权的新药和医疗器械新产品的研发和成果转化力度，提升企业创新能力和核心竞争力。以现代化中药、生物医药、特色化学原料药、药物制剂、体外诊断试剂、高端医疗器械、康复辅助器具和新型智能康复系统与设备及关键制药装备、健康穿戴装备等为重点，开发具有自主知识产权的产品和技术。在切实推动健康服务产业集聚发展中提到，“科学规划、因势利导，打造健康服务产业集群，鼓励各地政府和龙头企业整合健康服务产业资源，打造研发制造、流通应用、管理服务一体化全产业链的大型健康产业集团，支持有条件的地区设立健康服务产业示范园区。珠三角地区突出高端引领，以智能化、网络化、移动化为方向，有效提升以现代医疗器械、康复装备和健康智能终端装备等为重点的医疗保健装备和高新诊疗技术水平，推动生物医药、医疗器械企业向高端医疗技术服务领域拓展延伸，培育发展生物医用材料制品及植入器械、新型高端耗材及制品、康复器械等优势特色产业”。

在国家医疗器械产业和康复养老专项规划领域，2017年印发的《“十三五”医疗器械科技创新专项规划》指出，重点开发智能康复机器人、智能助行系统、多模态康复轮椅、外骨骼机器人系统等产品，重点突破人体运动意图识别、人机交互、外骨骼柔性控制、不同适应证康复运动模式优化等关键技术。围绕功能代偿、生活护理、康复训练等需求，重点突破柔性控制、多信息融合、运动信息解码、外部环境感知等新技术，开发系列智能护理机器人、外骨骼助行机器人、多模态康复轮椅、智能康复机器人、虚拟现实康复系统、肢体协调动作系统等康复辅具。2021 年印发的《“十四五”医疗装备产业发展规划》指出，发展基于机器人、智能视觉与语音交互、脑-机接口、人-机-电融合与智能控制技术的新型护理康复装备，攻关智能康复机器人、智能助行系统、多模态康复轮椅、外骨骼机器人系统等智能化装备。促进传统保健康复装备系统化、定制化、智能化发展。2021 年发布的《医疗装备产业发展规划（2021—2025 年）》指出，研发临床逻辑、传感测控技术、人工智能算法融合的保健康复装备，发展基于机器人、智能视觉与语音交互、脑-机接口、人-机-电融合与智能控制技术的新型护理装备和康复装备，鼓励实施公益性康复辅助器具适配项目。

在医疗器械采购方面，多地明确优先支持国产创新医疗器械，尤其是康复机器人和康复训练设备。2017 年 10 月 30 日发布的《四川省财政厅关于公布 2018—2019 年度省级政府采购进口产品清单的通知》提到，允许采购进口产品的医疗设备由 93 种缩减为 39 种；15 类医疗设备全部要求“用于临床工作的，应使用国内产品”。浙江省发布的《2018—2019 年度全省政府采购进口产品统一论证清单（医疗设备类）》中提到，第 143 项为“康复训练系统”。确需采购进口的，需要经过提交申请，严格审核和进一步论证。2021 年，由财政部及工信部联合发布的《政府采购进口产品审核指导标准》中明确规定了政府机构（事业单位）采购国产医疗器械及仪器的比例要求。其中 137 种医疗器械全部要求 100%采购国产，采购目录第 15

类规定，物理治疗、康复及体育治疗仪器设备，其中包括下肢外骨骼康复系统、下肢康复训练设备、康复训练器械均采购国产。

在创新医疗器械的引领示范的推广方面，以上海市为例，2023年8月25日发布的《上海市经济和信息化委员会、上海市卫生健康委员会、上海市医疗保障局关于开展2023年上海市创新医疗器械应用示范项目申报的通知》中给出政策，支持创新医疗器械在医疗机构开展应用示范，形成“应用示范—反馈改进—水平提升—辐射推广”的创新迭代，提高上海市创新医疗器械性能质量，推动产业高质量发展。其中，关于康复器械和机器人的支持内容有专门提及。

第二节　国内外外骨骼机器人的相关社会福利体系

一、国外相关医疗保险与辅助器具福利体系

（一）美国外骨骼机器人康复辅助器具支付概况

美国现行的政策对残疾人辅助器具的补助采取分段式，即由不同部门，如教育、就业、医疗等部门共同承担。美国向残疾人提供资金支持的渠道有：公共项目、其他筹资、美国税法、私人医疗保险、公民权利、普及高等教育和电信。其中，公共项目又包括医疗保险（Medicare）、医疗补助（Medicaid）、母婴健康、教育、职业康复、社会保障福利、发展性残疾项目、退伍军人事务部项目、老年人法案项目。

美国公民可以根据自身状况及需要康复辅助器具的类型，找到相应的资金支持。具体支付情况见表5-1。

表 5–1　美国康复辅助器具支付情况归纳

65 岁以上老人	医疗保险、医疗补助、老年人法案项目、私人医疗保险
65 岁以下 一般残障人士	医疗保险、医疗补助、学生、康复项目、雇主、私人医疗保险
退伍军人	退伍军人事务部项目
特殊功能障碍人士	医疗保险、医疗补助、一些协会（如美国脑瘫协会） 教育辅助器具等

总体而言，医疗保险和医疗补助是众多资金项目中最主要的资金来源，医疗保险对康复辅助器具的补助也有住院和非住院的区别，具体情况见表 5–2。

表 5–2　美国康复辅助器具补贴支付比例

住院期间所用康复辅助器具及服务	医疗保险（住院保险）	支付份额：100%
获得处方的家用康复辅助器具及服务	医疗保险（补充医疗保险）	医疗保险部与供应商签订价额的 80%

2015 年 12 月，美国退伍军人事务部（VA）宣布了一项国家政策，为美国所有符合条件的退伍军人评估、培训和采购 ReWalk 个人外骨骼系统。在美国，ReWalk 的产品已经进入医院，并作为一项明确的康复训练设备，可以使用医疗保险体系结算。

（二）英国康复辅助器具福利体系

政府扶持：通过残疾人工作与年金部（Department for Work and Pensions，DWP）为残疾人的康复服务及相关器具的使用提供广泛财政支持。扶持项目包括：①器械和服务的增值税减免。是指残疾人在购买专门为残疾人设计的器械以及一些为残疾人提供的特定服务时不必缴纳增值税，包括残疾人居住服务和残疾人器械的租用。②直接付款项目。地方议会若不能直接为残疾人提供康复辅具以及相关服务，将直接给予相关服务的付款。此外，英国政府根据残疾的影响程度不同为需要个人照顾或有行走困难的残疾儿童、青年人、老年人提供免税津贴。

政府补贴：英国的辅助器具的补贴统筹在其实施的公费医疗，即“全民健康服务（NHS）”中，国家为 NHS 付账的大部分（80%）来自财政，一小部分（大约 12%）来自国家保险基金（类似于我国的社会保险基金，主要是使用国家保险费用和养老保险基金），还有一小部分来自向病人收费。根据《社区护理法案（优质化服务）（英格兰）2003》[The Community Care (Delayed Discharges etc) Act (Qualifying Service) (England) Regulation 2003]，配置服务中为需求者配置的价格不超过 1000 英镑的小型辅具由政府全额负担，政府对于必须配置价格超过 1000 英镑的辅具将会进行严格评估。对于价值较高的大型辅具配置，OT 师（职业治疗师）作出初步评估后，由英国的房屋管理部门与残疾人设备基金共同承担。

英国 NHS 的健康部对于辅助器具给出指导价格，一般申请者直接使用医用或康复中心免费配置的器具，在政府指定的零售商店购买，若申请者希望获得比“处方”上功能更强或价格更高的辅助器具，支付差价即可。

（三）德国康复辅助器具社会福利保障制度

德国康复产业以社会福利保障制度为基础和依托得以发展。德国社会福利保障体系由社会保险制度（以缴费为基础）、社会救济和社会补贴制度（以普通税收为资金来源）构成。其中，社会保险制度是社会保障体系最大的组成成分。2012 年，德国法定医保的治疗器具总支出近 50 亿欧元，比上年增长 2.2%；辅助器具总支出 65 亿欧元，比上年增长 2.7%。其中，呼吸机、失禁护理品、助听器、轮椅位列支出总额和医保参保人人均支出前四名。

根据德国《社会法典》第九部的规定，康复出资主体是为残疾人和潜在残疾人群承担康复服务费用的机构、团体和政府机关等，包括法定医疗保险机构、联邦劳动代理处、法定工伤事故保险机构、法定养老保险机构、战争受害者供养照顾机构、青少年公共救济机构和社会救济机构这七大康复费用出资主体。他们各自都有一定的服务对象和职能，实行独立运作、自我管理的模式，同时有义务相互合作。以法定养老保险为例，法定养老保险对康复服务的责任和任务主要有三大部分，一是向有能力工作的被保人支付康复服务费用，防止其工作能力受到限制或削减已有的限制；二是支付癌症康复费用；三是支付儿童康复费用。主要负责支付的康复服务费用包括医疗康复和职业康复。前者包括所有必要的医疗措施，特别是诊治、用药以及使用辅助器具；后者主要是帮助残障人获得工作岗位。

（四）日本康复辅助器具福利体系

第二次世界大战后，日本残疾人康复保障体系逐步完善，目前有多达 217 部与康复保障相关的法律制度。这些法律可以分为 3 个部分：一是宪法中的有关规定，这是最为基本的法律，也是根本大法。二是被称为“福利六法”的基本法律，包括残疾人基本法、身体障碍者福利法、精神薄弱者福利法、儿童福利法、母子及寡妇福利法、老年人福利法。三是一些相关的配套政策，如残疾人住宅、促进就业等方面的法律。以肢体伤残的辅助器具为例，有多种保险为相关装配使用支付一定的费用，包括健康保险、船员保险、工会互助、国民健康保险（退休者医疗）、老人保健制度、工伤保险等。

二、国内外骨骼机器人的相关补贴与福利体系

（一）救助项目

我国的辅助器具社会救助政策始于“八五”期间，从保障贫困残疾人开始。

从“十五”开始，中国残联即开始制订残疾人辅助器具服务实施方案，明确主要任务、具体措施及中央、地方和社会筹款经费使用范围。实施贫困残疾人辅助器具救助项目，从为贫困残疾人装配普及型假肢、矫形器和购买残疾人用品用具补助，逐步拓展到为贫困残疾人装配假肢和矫形器、免费发放基本型辅助器具、为贫困低视力残疾人免费配用助视器、为贫困重度残疾人适配基本生活所需的辅助器具、为具备就学就业能力的贫困残疾人适配辅助器具等多元化服务。到“十三五”期间，辅助器具社会救助政策已经逐渐实现系统化，同时还积极调动国内外社会力量。民政部门在全国推广了系列残疾人辅助器具配置的项目，有“荣军项目”“福康工程”“彩票公益金辅助器具配置项目”“社区日间照料老年人残疾人康复器具配置——关怀项目”“残疾儿童手术康复明天计划”等社会救助项目，增进社会民生福祉，深化了社会人文关怀温暖。中国残联实施“长江新里程计划假肢项目”、“残疾人事业专项彩票公益金康复项目”、“贫困残疾儿童抢救性康复项目”、“七彩梦行动计划”、CBM、“曹氏基金会”、国家电网等项目。通过实施并完成各类辅助器具救助服务项目，为千万贫困残疾人提供辅助器具服务，帮助贫困残疾人有效改善了生活、生存状况。

（二）社会保险服务

1. 工伤保险

1996 年，国务院发布《企业职工工伤保险试行办法》（2004 年

1 月 1 日被《工伤保险条例》替代），第二十一条规定：工伤职工因日常生活或者辅助生产劳动需要，必须安置假肢、义眼，镶牙和配置代步车等辅助器具的，按国内普及型标准报销费用。根据《工伤保险辅助器具配置管理办法》，工伤职工需要配置辅助器具的，应向劳动能力鉴定委员会提出申请，申请确认后到协议专业机构配置辅助器具，工伤职工配置辅助器具的费用包括安装、维修、训练等费用由工伤保险基金支付。2012 年，为进一步贯彻落实《工伤保险条例》，规范工伤保险辅助器具配置管理工作，提高工伤保险服务水平，按照保障基本、普遍适用、安全稳定、循序渐进的原则，制定了《工伤保险辅助器具配置目录》。目前，各省（自治区、直辖市）的工伤管理部门根据自己的实践经验，分别制定各地区不同的工伤保险辅助器具配置清单，其种类多样，包含假肢、矫形器、移动辅助生活自理和防护辅助器具、康复训练器具等。未来，外骨骼机器人作为典型的康复辅具，有望被纳入其中。

2. 医疗保险

2008 年，中共中央、国务院印发《中共中央、国务院关于促进残疾人事业发展的意见》。意见要求对贫困残疾人康复训练、辅助器具适配等基本康复需求给予补贴，对贫困残疾儿童康复给予补助。2010 年，卫生部、人力资源和社会保障部、民政部、财政部、中国残联 5 部门共同下发《关于将部分医疗康复项目纳入基本医疗保障范围的通知》，将偏瘫肢体综合训练、脑瘫肢体综合训练、截瘫肢体综合训练、作业疗法等 9 项医疗康复项目纳入基本医疗保障范围。至此，部分康复训练辅助器具应用被纳入医保范畴。2016 年，人力资源和社会保障部、国家卫生计生委、民政部、财政部、中国残联共同下发《关于新增部分医疗康复项目纳入基本医疗保障支付范围的通知》，将康复综合评定等 20 项医疗康复项目纳入基本医疗保险支付范围。

整体而言，在伤残的康复方面，医疗保险在辅助器具康复设备购买、康复训练服务项目、康复服务的质量评价方面都有配套支持政策。

在医疗保险辅助器具购买补贴方面，各省（自治区、直辖市）依据文件相继出台了本地规定。在中国残联的推进下，一些地区还探索将相关辅助器具服务纳入新型农村合作医疗保险范围。2009 年，安徽省率先尝试，发布《关于对参加新型农村合作医疗和城镇居民基本医疗保险的残疾人装配辅助器具给予补助的意见》，决定对全省参加新型农村合作医疗和城镇居民基本医疗保险的持证肢体残疾人装配下肢假肢及 7 周岁以下听力障碍儿童配备助听器给予补助。补助经费由新农合医疗保险基金承担。2014 年下发的《关于印发〈安徽省新型农村合作医疗统筹补偿方案（2014 版）〉的通知》，提到参合残疾人的假肢和助听器等补偿比例为 50%（不设起付线），最高补助额每具大腿假肢为 1700 元，每具小腿假肢为 800 元，参加新型农村合作医疗 7 周岁以下听力障碍儿童配备助听器每只为 3500 元。2019 年下发的《安徽省统一城乡居民基本医疗保险和大病保险保障待遇实施细则（试行）》，再次明确残疾人辅助器具的补贴标准。在同年下发的《安徽省基本医疗保险按病种分组付费病种及医保支付标准（第一批）》中，针对年龄小于 14 岁、符合双侧感音神经性耳聋、人工耳蜗植入术设立报销标准。各统筹区城乡居民医保患者在省属公立医疗机构进行按病种分组付费报销时，支付比例达到 70%，医保支付标准分别达到 11 万元和 17 万元。

在医疗保险康复训练项目方面，国内各省（自治区、直辖市）纷纷将外骨骼机器人、康复机器人作为康复训练的医保支付服务项目。如 2019 年，湖南省在《关于印发〈湖南省现行医疗服务价格目录（2019）〉的通知》中，将 74 类康复项目纳入基本医疗服务。其中，编号为 340200048 的项目就是肢体康复机器人辅助训练，训练时间为 30 分钟，目的是提高肢体运动、感觉、步行能力，刺激大脑重建功能区域，训练参考费用为 210 元/30 分钟。2021 年，北京市医疗保障局、北京市卫生健康委员会、北京市人力资源和社会保障局共同下发的《关于规范调整物理治疗类等医疗服务价格项目的通知》，将下肢机器人康复训练列为医保 A 类，还明确了服务项目为移动式机器人辅助下肢步行训练，训练时间 30~45 分钟/次，价格为 222 元。2022 年 3 月，安徽省医保局会同安徽省卫健委联合印发《安徽省医疗服务价格项目目录（2022 版）》，明确了全省各地纳入医保基金支付的康复项目，其中就将下肢机器人康复列为新增医学康复项目，类别为 A 类。

在康复服务的质量评价方面，《康复医学专业医疗质控指标（2022 年版）》已发布，并被纳入《三级医院评审标准（2022 年版）》，旨在提高早期康复介入率，促进临床康复一体化。早期康复介入率现已成为三级医院评审的重要考核指标之一。2023 年 2 月，《2023 年国家医疗质量安全改进目标》发布，指明了提高早期康复介入率 4 个核心策略，分别是建立多学科团队、制订介入方案及标准化诊疗流程、建设康复信息化管理系统、明确质控数据纳入科室考核。随着政策的逐步落地，这将意味着对康复疗效的要求会越来越高，以外骨骼机器人为代表的全新治疗理念、高效的治疗手段将有更大的发展空间。

（三）社会优抚

国家主要对残疾军人享有辅助器具服务方面给予明确保障。2019 年，中华人民共和国国务院、中华人民共和国中央军事委员会重新修订了《军人抚恤优待条例》，明确规定：残疾军人需要配置假肢、代步三轮车等辅助器械，正在服现役的，由军队军级以上单位负责解决；退出现役的，由省级人民政府民政部门负责解决。2013年，民政部、中国残联下发《关于残疾军人享受社会残疾人待遇有关问题的通知》，明确残疾军人可以享受特定残疾人的政策待遇（如安装假肢、配发轮椅等）。民政部颁布的《残疾军人康复辅助器具配置暂行办法》规定，“残疾军人康复辅助器具配置范围包括假肢、矫形器、移动辅助器具、生活自理和防护辅助器具、信息交流辅助器具、其它辅助器具等”，共96种产品；“残疾军人配置康复辅助器具所需资金由省级人民政府民政部门根据《军人抚恤优待条例》规定协调同级财政部门列支。有条件的地区可采取适当安排福利彩票公益金、开展社会捐赠和慈善公益等活动，拓展筹资渠道”。伤残民兵民工、伤残人民警察及伤残国家机关工作人员需要配置康复辅助器具的，参照该办法执行，费用由所在单位承担。各省（自治区、直辖市）基于该办法，也陆续制定出台了本省（自治区、直辖市）的残疾军人辅助器具配置办法。

（四）社会福利

目前，我国残疾人辅助器具福利补贴制度的建立主要由各地探索实施。最早建立辅具补贴制度的是上海市。2003年9月，上海市残联积极协调市财政部门申请专项经费支持，发布了《关于贯彻〈上海市残疾人用品用具配发和管理办法〉的通知》，开展了以适配补贴为导向的辅助器具服务。2012年印发的《国家基本公共服务体系“十二五”规划》要求，“构建辅助器具适配体系，有条件的地方对重度残疾人适配基本型辅助器具给予补贴”。2013年国务院印发的《关于促进健康服务业发展的若干意见》、2016年国务院印发的《关于加快发展康复辅助器具产业的若干意见》等一系列文件中，把“对城乡贫困残疾人、重度残疾人基本型辅助器具配置给予补贴”

等作为促进康复辅具产业发展的重要措施。自 2015 年以来，北京、辽宁、江苏、福建、青海、宁夏、广东、浙江、重庆、江西等地逐步建立本省（自治区、直辖市）的残疾人辅助器具补贴制度。各地辅助器具补贴制度的补贴对象主要为持证残疾人，对残疾人适配基本型辅助器具给予补贴，补贴标准按照残疾人经济和收入情况确定，补贴资金来源以各级财政资金为主。

对残疾人的补贴补助体系分为康复训练的服务补贴、康复辅助器具的补贴、康复辅助器具的租赁补贴等多种形式。

康复训练的服务补贴方面。2018 年，《北京市残疾人联合会、北京市财政局、北京市卫生和计划生育委员会关于印发〈北京市残疾人康复服务办法（试行）〉的通知》中规定，本市户籍、持有《中华人民共和国残疾人证》的低收入家庭，可申请《基本康复目录》内的服务项目，按对应标准的 60%予以补贴。这些项目就包括肢体残疾人的个人生活活动康复训练和生活功能重建，其中有外骨骼机器人训练。

康复辅助器具的补贴方面。2016 年，北京市残疾人联合会率先实践，建立了“北京市辅助器具综合服务平台”。本市持证残疾人在该平台实名注册后，可在线提交申请。平台根据残疾等级情况自动核验补贴标准，专业人员进行评估适配，残疾人根据残疾类别在线选购辅具产品，平台自动计算残疾人自付资金额度和补贴额度，残疾人按自付资金即时与商家结算，商家发货。实现了残疾人辅具申请、审批、购买、配送和结算“一站式”线上办理，像网购一样方便。2017 年，陕西省被纳入首批建立辅助器具补贴制度试点省。2021 年 3 月 1 日，陕西省出台《陕西省残疾人辅助器具适配补贴办法（试行）》，将受补贴的辅具产品按其价值和功能分为低值类、基本类、非基本类 3 个类别，分别给予不同的补贴额度。2023 年，湖北省在《政府工作报告》中提出办实办好十类民生实事，其中明确要求“为持证残疾人提供基本型辅助器具适配服务8万件”。根据《湖北省残疾人基本型辅助器具适配补贴办法（试行）》中的具体适配服务要求，分配项目补助经费、建立维护“湖北省残疾人辅助器具服务平台”、以封闭式框架协议采购形式确定入驻“服务平台”辅助器具供应商，完成本地残疾人辅助器具适配任务。

康复辅助器具的租赁补贴方面。2021年10月，上海市民政局全面推进康复辅具社区租赁服务试点的工作，对本市户籍，75周岁（含）以上或60周岁以上低保、低收入的老年人给予一定的康复辅具租赁服务补贴。补贴金额为《上海市康复辅具社区租赁服务试点产品目录（2021年）》中康复辅具租赁服务价格的50%，单次租期6个月，每人每年补贴最多不超过3000元。2023年，《北京市民政局 北京市残疾人联合会关于印发〈关于全面推进康复辅助器具社区租赁服务工作方案〉的通知》中提出，以提高康复辅助器具使用效能、降低使用成本为导向，以建成供应便捷、供需顺畅、服务专业、管理规范的康复辅助器具社区租赁服务体系为目标，到2025年，实现“一区一中心、一街一站点、社区全覆盖”，不断提升老年人、残疾人等人群的幸福感、获得感。

第三节　国内外骨骼机器人产业现状

一、国内外骨骼机器人技术研发现状

外骨骼机器人是一种集人机工程学、仿生学于一体的机械装置，可以穿戴于人体外侧，为使用者提供动力，帮助其行走更加轻松。按照外骨骼机器人的医学用途，可以将其分为生活辅助、康复治疗

两个类别。

为摸底国内外骨骼机器人技术研发的情况，笔者按照品类作了大量调研，分别在国家知识产权局官方网站查询了“外骨骼机器人”“康复机器人”“外骨骼”“手部机器人”“下肢机器人”“穿戴式外骨骼”等关键词，统计时间为 2024 年 2 月，共检索了自 2004—2023 年 20 年间，3798 项相关专利。在这些专利中，外观设计专利 334 项，实用新型 1979 项，发明授权 1600 项。

（一）近年来专利成果发展趋势

从图 5-1 可以看出，自 2010 年起的十余年间，外骨骼机器人相关的专利数量逐年递增，这表明在外骨骼机器人技术和应用领域，参与者越来越多，研发的广度和深度也在不断拓展，国内相关从业者正在攻克各种领域的技术难点。从增长趋势来看，外骨骼机器人的研究成果经历了两次快速增长过程。第一次过程主要发生在 2012—2013 年。这一阶段的研发基本以西南交通大学、北京航空航天大学、上海交通大学、电子科技大学为代表。第二次过程主要发生在 2015—2016 年。这一阶段的专利突破中吸引了不少企业的参与，如上海卓道医疗、北京大艾机器人等。

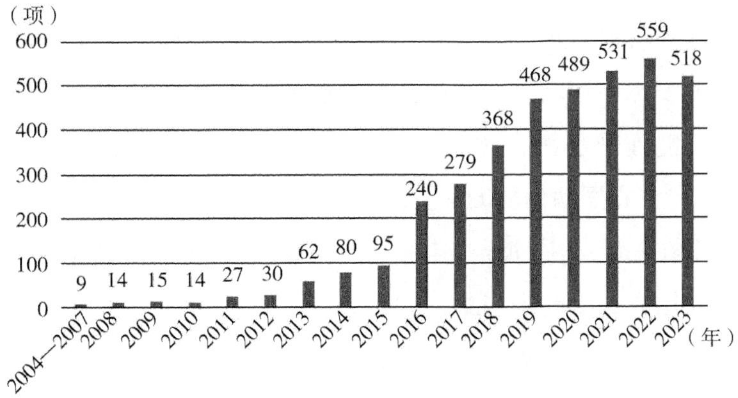

图 5-1　2004—2023 年国内获批外骨骼相关专利的数量变化

（二）专利持有状况分析

与外骨骼相关的3798项专利，其专利持有人情况见图5-2。

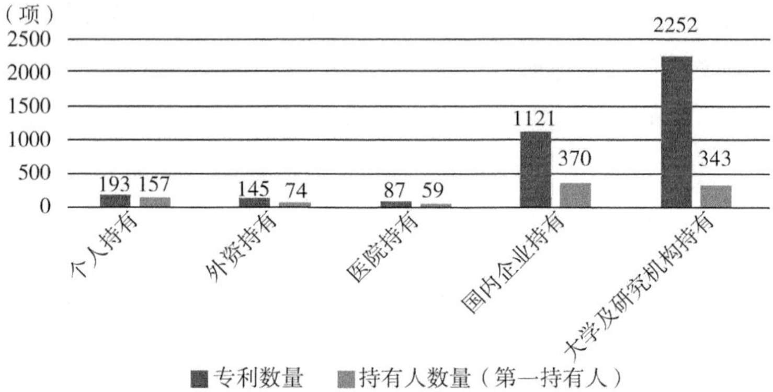

图5-2 国内外骨骼各相关专利的持有人情况分布

在这些相关专利中有145项为74家外资机构持有，占比3.82%。专利申报来源于欧美日多个国家和地区。以Ekso为例，有近17项PCT专利，专利名称包括外骨骼通信及控制的方法、增强外骨骼穿戴者的康复或训练的方法等。

有87项相关专利为国内59家医院机构持有，占比2.3%。国内医院申报外骨骼相关专利的方式通常有两种，一种方式是以医院为主体申报外骨骼机器人的设计和结构专利，如郑州大学第五附属医院与郑州安杰莱智能科技有限公司合作申报的“一种用于下肢康复治疗的智能外骨骼机器人”专利，中国康复研究中心设计申报的“一种具有左右摆动功能的交互式截瘫助行外骨骼”专利。另一种方式是医院在临床应用过程中申报与外骨骼和智能康复设备相关的评价测试使用方法或改进装置，如国家康复辅具研究中心申报的“神经环路导向的上肢功能康复训练系统及方法”专利。

有193项相关专利为157名个人持有，占比5.08%。个人申报的外骨骼相关专利内容多样，有结构设计、控制方案、助力装置、使用方法等。不少专利都是围绕使用的目的设计，如袁博设计的“一种复位外骨骼关节及其外骨骼助力装置”“一种助力外骨骼的并联弹性驱动器及其控制方法”等。

有 1121 项相关专利为 370 家国内企业持有，占比 29.5%。在国内外骨骼机器人企业中，程天科技以 75 项相关外骨骼方向专利领先（表 5-3），排在其后的分别是上海傅利叶智能、深圳迈步科技、深圳市丞辉威世、苏州迈宝智能、苏州远也科技、安杰莱智能、北京大艾机器人、成都布法罗机器人、南京伟思医疗、新松机器人、英汉思科技、上海傲鲨智能、重庆牛迪、力之医疗科技、贵州航天控制技术、广州视源电子科技、成都润惠、司羿智能等相关企业。这 20 家持有专利的头部企业共持有 493 件外骨骼相关专利，约占国内企业持有的外骨骼相关专利总量的 44%。

表 5-3　国家知识产权局公布的与程天科技相关的外骨骼方向专利

专利申请号	申请（专利权）人	发明（设计）名称
2017100416453	哈尔滨程天科技发展有限公司	助残行进下肢穿戴外骨骼及其助残行进方法
2017100419930	哈尔滨程天科技发展有限公司	下肢助行外骨骼及其助行方法
2017102188381	哈尔滨程天科技发展有限公司	一种具有能量回收再利用功能的增跳机械外骨骼系统及其增跳方法
2017110993635	哈尔滨程天科技发展有限公司	一种外骨骼机器人用的助力兜臀式托臀带
2017110993724	哈尔滨程天科技发展有限公司	一种外骨骼机器人用的助力托臀带

续表

专利申请号	申请（专利权）人	发明（设计）名称
2017111002201	杭州程天科技发展有限公司	一种用于外骨骼机器人的臂杖
2017111002235	杭州程天科技发展有限公司	抑制减速机轴向运动的外骨骼关节
2018110201715	杭州程天科技发展有限公司	一种外骨骼机器人转向装置
2018110227202	杭州程天科技发展有限公司	一种防止后倾的外骨骼机器人
2018110227556	杭州程天科技发展有限公司	一种下肢助力式外骨骼机器人
2018114756949	杭州程天科技发展有限公司	一种多功能外骨骼机器人
2019100399315	杭州程天科技发展有限公司	自平衡装置及其系统和机器人以及防跌倒装置
2019102273241	杭州程天科技发展有限公司	一种外骨骼机器人及其检测人体运动意图的检测方法
2019108357630	杭州程天科技发展有限公司	一种外骨骼机器人关节模组
2020100039401	杭州程天科技发展有限公司	一种外骨骼机器人关节模组
2020112584269	杭州程天科技发展有限公司	一种多功能无源跟随吊架
2020112584466	杭州程天科技发展有限公司	一种万向调节无源跟随吊架
2020113355873	杭州程天科技发展有限公司	多自由度外骨骼机器人
2020114227872	杭州程天科技发展有限公司	外骨骼机器人

续表

专利申请号	申请（专利权）人	发明（设计）名称
2021103799923	杭州程天科技发展有限公司	多功能机械外骨骼
2021104460127	杭州程天科技发展有限公司	一种基于外骨骼的移位装置
2021105076524	杭州程天科技发展有限公司	下肢外骨骼的辅助转弯机构以及下肢外骨骼
2021105076651	杭州程天科技发展有限公司	下肢外骨骼的脚部机构以及下肢外骨骼
2021107388696	杭州程天科技发展有限公司	一种外骨骼辅助移动设备
2021107450343	杭州程天科技发展有限公司	坐卧式下肢康复设备控制方法、控制装置和康复设备
2021107701290	杭州程天科技发展有限公司	上肢助力外骨骼机器人
2021108657435	杭州程天科技发展有限公司	应用于外骨骼机器人的控制与评估方法及系统
2021109133066	杭州程天科技发展有限公司	具有肌电刺激功能的康复机器人及其控制方法
2021109278845	杭州程天科技发展有限公司	一种基于物联网的外骨骼控制系统及方法
2021109511746	杭州程天科技发展有限公司	一种康复用外骨骼装置及其使用方法
2021109577692	杭州程天科技发展有限公司	外骨骼
2021110824652	杭州程天科技发展有限公司	一种水下康复用隔离式外骨骼机器人系统及水下康复方法
2021111200707	杭州程天科技发展有限公司	一种绑带、裤装及膝关节助力外骨骼

续表

专利申请号	申请（专利权）人	发明（设计）名称
2021111408283	杭州程天科技发展有限公司	适用于外骨骼吊架的自动校正控制方法和相关设备
2021113113883	杭州程天科技发展有限公司	上电自锁保护电路及电源、外骨骼机器人
2021114578303	杭州程天科技发展有限公司	一种肢体抱紧装置及外骨骼装置
2022103333576	杭州程天科技发展有限公司	一种下肢外骨骼
2022103750451	杭州程天科技发展有限公司	外骨骼系统、控制方法以及存储介质
2022107567760	杭州程天科技发展有限公司	爬行辅助训练系统
2022109047648	杭州程天科技发展有限公司	外骨骼机器人的关节控制方法、外骨骼机器人和电子装置
2022109062347	杭州程天科技发展有限公司	一种可调节行动姿态的外骨骼
2022110119242	杭州程天科技发展有限公司	手部康复外骨骼装置
2022112059509	杭州程天科技发展有限公司	一种用于康复训练的外骨骼机器人
2022112164007	杭州程天科技发展有限公司	一种肢体康复外骨骼装置
2022112178211	杭州程天科技发展有限公司	一种康复用外骨骼
2022113412061	杭州程天科技发展有限公司	单肢单驱动外骨骼关节、单肢外骨骼和双下肢外骨骼
2022114195989	杭州程天科技发展有限公司	一种方便穿戴的上肢助力外骨骼机器人

续表

专利申请号	申请（专利权）人	发明（设计）名称
2022114721077	杭州程天科技发展有限公司	一种单源-双关节驱动的腿部外骨骼
2022116228192	杭州程天科技发展有限公司	一种外骨骼机器人测试装置
2022117081848	杭州程天科技发展有限公司	一种点阵磁控驱动系统及磁控外骨骼系统及下肢外骨骼系统
2023101227863	杭州程天科技发展有限公司	单驱动下肢外骨骼步行器
2023101740021	杭州程天科技发展有限公司	反重力气囊外骨骼装置
2023102523830	杭州程天科技发展有限公司	防倾倒下肢外骨骼装置
2023102962645	杭州程天科技发展有限公司	外骨骼关节驱动装置
2023104617550	杭州程天科技发展有限公司	下肢外骨骼
2023106001295	杭州程天科技发展有限公司	分布式多模组外骨骼驱动关节
2023108121643	杭州程天科技发展有限公司	单下肢外骨骼康复装置
2023108121836	杭州程天科技发展有限公司	无源下肢外骨骼康复移位装置
2023110247368	杭州程天科技发展有限公司	一种踝关节助力外骨骼装置
2023110263888	杭州程天科技发展有限公司	卧式下肢康复训练外骨骼装置
2023111032560	杭州程天科技发展有限公司	一种截瘫患者助行外骨骼及训练方法

续表

专利申请号	申请（专利权）人	发明（设计）名称
2023111045787	杭州程天科技发展有限公司	一种轮式外骨骼康复支撑装置
2023111614133	杭州程天科技发展有限公司	一种外骨骼康复助力装置
2023111773411	杭州程天科技发展有限公司	一种下肢康复外骨骼装置
2023111881492	杭州程天科技发展有限公司	一种膝关节外骨骼康复装置
2023112684275	杭州程天科技发展有限公司	可形变外骨骼装置
2023114485897	杭州程天科技发展有限公司	一种腰部支撑外骨骼
2023114486211	杭州程天科技发展有限公司	一种可形变式腿部外骨骼
2023114820185	杭州程天科技发展有限公司	一种具有助力功能的腿部支撑外骨骼
202011256145X	杭州程天科技发展有限公司	一种跟随吊架
202210365042X	杭州程天科技发展有限公司	外骨骼机器人、外骨骼机器人的肢体调节方法和电子装置
202211205525X	杭州程天科技发展有限公司	外骨骼机器人、外骨骼机器人的电路保护方法和电子装置
202211614854X	杭州程天科技发展有限公司	移位机及外骨骼康复辅助系统
202311215351X	杭州程天科技发展有限公司	一种助力外骨骼装置
202311517803X	杭州程天科技发展有限公司	基于货物搬运的辅助式腰部支撑外骨骼

有 2252 项相关专利由国内 334 家大学和研究机构持有，占比 59.3%。从专利分布来看，全国各个地区都有代表性科研机构和大学在从事外骨骼相关领域技术研发。以东北地区为例，参与外骨骼领域研究的有东北大学、东北林业大学、哈尔滨工程大学、哈尔滨工业大学、哈尔滨理工大学、吉林大学、吉林农业大学、长春工业大学、大连理工大学、中国科学院沈阳自动化研究所等。从全国城市来看，在外骨骼机器人研究方面排名比较靠前的城市为上海、杭州、深圳、北京、哈尔滨、苏州、成都、天津、合肥、沈阳。从高校方面来看，哈尔滨工业大学以拥有近 110 项外骨骼相关专利排名全部大学和研究机构首位，在其后按顺序排名的大学和研究机构分别是电子科技大学、中科院深圳先进技术研究院、河北工业大学、浙江大学、西安交通大学、上海理工大学、上海交通大学、北京航空航天大学、合肥工业大学、华中科技大学、中国科学技术大学、北京机械设备研究所、北京精密机电控制设备研究所、华南理工大学、天津大学、清华大学、北京理工大学、东南大学、浙江工业大学。这 20 所大学和研究机构共持有 1089 项外骨骼相关专利，占外骨骼相关专利总数量的 48.4%。其中，以北京航空航天大学为例，拥有外骨骼相关研究方向的专利 53 项，见表 5-4。

表 5-4　国家知识产权局公布与北京航空航天大学拥有外骨骼相关研究方向专利

专利申请号	申请（专利权）人	发明（设计）名称
2009102381755	北京航空航天大学	外骨骼式手指运动功能康复机器人
2011102155925	北京航空航天大学	外骨骼式拇指运动功能康复机器人
2013105720752	北京航空航天大学	穿戴式下肢外骨骼机器人
2014100630843	北京航空航天大学	一种适用于外骨骼辅助支撑机器人的具有踝关节参数测量的足部装置

续表

专利申请号	申请（专利权）人	发明（设计）名称
2014100635457	北京航空航天大学	一种适用于外骨骼辅助支撑机器人的具有髋关节参数测量的腰部装置
2014108278814	北京航空航天大学	人体下肢外骨骼助行康复机器人
2015102938393	北京航空航天大学	一种具有仿生膝关节的下肢外骨骼结构体
2015107607452	北京航空航天大学	穿戴式下肢外骨骼机器人髋关节弹簧电机并联驱动器
2016107696164	北京航空航天大学	一种用于可穿戴式助力设备的绑缚装置
2016109484362	北京航空航天大学	一种下肢外骨骼助力机构
2017102848771	北京航空航天大学	一种适用于下肢康复外骨骼机器人的具有交互力参数测量的腿部装置
2017105469279	北京航空航天大学	穿戴式绳驱动上肢外骨骼机器人的仿人臂骨架
2017106765299	北京航空航天大学	一种可弹性补偿轴线位移的膝关节外骨骼装置
2017114427152	北京航空航天大学	一种桌面式腕关节康复训练机器人结构
2018101686191	北京航空航天大学	一种轻量型绳驱动智能踝关节外骨骼系统
2018108830263	北京航空航天大学	一种外骨骼机器人
2019104728311	北京航空航天大学	一种用于下肢外骨骼的柔顺变刚度驱动器
2019106261224	北京航空航天大学	一种柔性可穿戴肩关节助力外骨骼服

续表

专利申请号	申请（专利权）人	发明（设计）名称
2019106276431	北京航空航天大学	一种用于下肢康复训练的防摔助行车以及康复训练方法
2019107351459	北京航空航天大学	一种助力外骨骼三自由度对心髋关节机构
2019108470008	北京航空航天大学	基于深度学习的人体行走过程下肢运动识别方法及系统
2020105002066	北京航空航天大学	一种人体运动意图的识别方法及系统
2020109700067	北京航空航天大学	一种基于软体驱动器的可穿戴式柔性上肢助力外骨骼机构
2021100882416	北京航空航天大学	外骨骼穿戴机构
2021104125487	北京航空航天大学	一种柔性驱动膝关节外骨骼
2021107547480	北京航空航天大学	一种基于可折叠织布软体驱动器的穿戴式柔性上肢助力外骨骼
2021112827087	北京航空航天大学	一种增加辅助支撑装置的可穿戴外骨骼座椅
2022103832697	北京航空航天大学	一种瘫痪病人的助行辅助装置及方法
2022105238171	北京航空航天大学	一种主被动结合的辅助支撑膝关节外骨骼
2022107197871	北京航空航天大学	截瘫患者助行外骨骼
2022109144385	北京航空航天大学	一种基于下肢外骨骼机器人的按需辅助控制方法
2022109885908	北京航空航天大学	一种髋关节外骨骼运动助力系统及多冗余自由度关节组件

续表

专利申请号	申请（专利权）人	发明（设计）名称
2023106438610	北京航空航天大学	一种基于主被动关节的力反馈外骨骼机械臂
2023107144046	北京航空航天大学	一种针对上肢康复机器人实现多感觉刺激的方法
2023109410208	北京航空航天大学	一种矫正脊柱侧凸外骨骼的线缆柔顺控制方法
2023112388731	北京航空航天大学	一种基于时变输出约束的外骨骼机器人自适应控制方法
201410063123X	北京航空航天大学	一种适用于外骨骼辅助支撑机器人的具有膝关节参数测量的大小腿装置
201710277441X	北京航空航天大学	一种可用于外骨骼及步行机器人的变刚度绳驱动关节
202310940961X	北京航空航天大学	一种用于矫正脊柱侧凸的主动式外骨骼
2023110914357	北京航空航天大学；北航歌尔（潍坊）智能科技有限公司	一种主被动结合的下肢外骨骼机器人机构
2022110091020	北京航空航天大学；北航歌尔（潍坊）智能机器人有限公司	一种基于下肢外骨骼机器人的多模式混合控制方法
2021104092040	北京航空航天大学；北京大学第三医院（北京大学第三临床医学院）	一种用于咳痰辅助的外骨骼机器人及控制方法
2013105563200	北京航空航天大学；北京积水潭医院；北京市自动化技术研究院	多自由度穿戴式下肢外骨骼机器人电动控制系统

续表

专利申请号	申请（专利权）人	发明（设计）名称
2017110152945	北京航空航天大学；浙江孚邦科技有限公司	基于 3RPR 并联机构的仿生膝关节下肢外骨骼结构体
2021114364520	北京航空航天大学杭州创新研究院	一种用于机器人关节的变刚度驱动系统
2022109733977	北京航空航天大学杭州创新研究院	一种基于串联弹性驱动器的膝关节康复外骨骼及方法
2022115375480	北京航空航天大学杭州创新研究院	一种具有多运动功能的连续并联体膝踝外骨骼机器人
2023109444505	北京航空航天大学杭州创新研究院	一种外骨骼重力平衡机构
2023112684129	北京航空航天大学杭州创新研究院	一种下肢康复外骨骼机器人的自适应导纳控制方法
2023114440218	北京航空航天大学杭州创新研究院	一种变刚度外骨骼机器人系统
2023116547281	北京航空航天大学杭州创新研究院	一种用于肩部助力的无源外骨骼
2023117133902	北京航空航天大学杭州创新研究院	一种具有重力储能的离合式腰部助力外骨骼装置
2023111867438	北京航空航天大学杭州创新研究院；北京航空航天大学	一种面向台架式下肢外骨骼的仿生步态生成系统及方法

二、国内外骨骼机器人生产经营企业的状况

天眼查显示（查询时间 2024 年 3 月 2 日，查询关键词为“外骨骼机器人”，查询附加条件“专利/存续/在业”“企业性质”“制造业、科研和实验、信息软件/科技推广/专业技术等专业服务”），我国外骨骼机器人行业有持有专利机构 416 家、相关经营企业 349 家。

笔者对其中机构再次进行手工筛选，去除其中初步筛选机构的专利无效的，专利持有人为医院、院所等情况，共有相关经营企业327家。

（一）现存续经营并拥有外骨骼机器人技术的企业成立时间

从持有外骨骼机器人专利的存续经营企业的成立时间来看，2015—2020年是外骨骼机器人概念落实和市场产品转化推进最快的阶段。这一阶段恰好是国家推行“双创”、推进中国制造2025，密集推出扶持高端制造业和机器人科技发展的政策阶段（图5-3）。

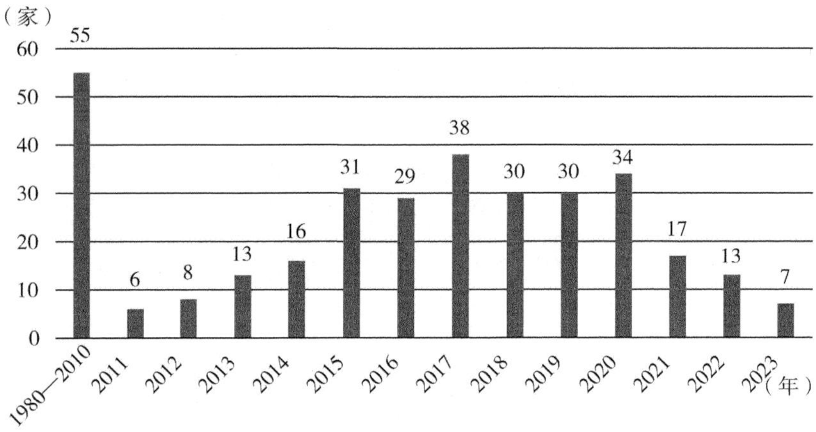

图5-3　当前存续经营的与外骨骼机器人相关企业的成立时间

（二）国内拥有外骨骼机器人专利的生产经营企业分布

从地域分布来看，我国除了港澳台地区，共有24个省（自治区、直辖市）有外骨骼机器人相关制造和研发企业，按照数量从高到低顺序依次为广东省58家、江苏省58家、上海市39家、浙江省34家、北京市24家、山东省22家、安徽省18家、陕西省10家、四川省8家、河南省8家、湖南省8家、湖北省6家、重庆市6家、辽宁省4家、河北省4家、贵州省3家、天津市3家、云南省3家、黑龙江省3家、内蒙古自治区2家、广西壮族自治区2家、福建省1家、江西省1

家、海南省 1 家、吉林省 1 家。相关企业主要聚集在长三角、珠三角和京津冀地区，分别占比 45.6%、17.7%和 9.5%（图 5-4）。

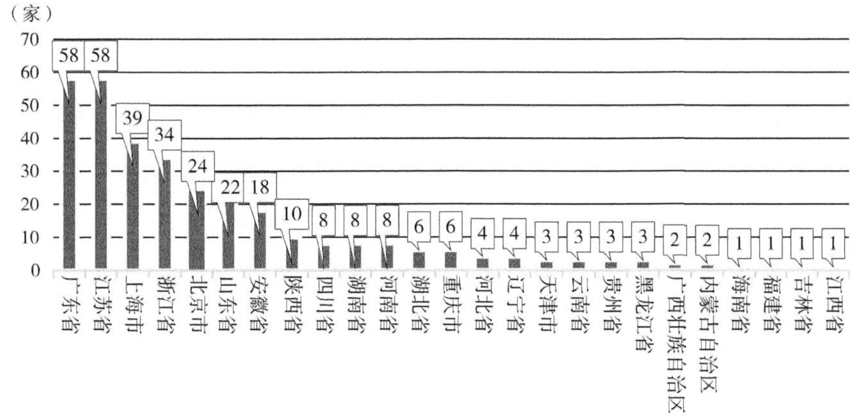

图 5-4　各省（自治区、直辖市）外骨骼生产经营企业数量分布

三、国内外骨骼机器人、康复机器人医疗器械注册现状

近年来，申请外骨骼相关专利的机器人企业逐渐增多，获批的产品丰富多样，外骨骼机器人的技术应用也越来越广泛，不局限于下肢行走辅助机器人，在康复服务领域也有应用，如床旁训练、上肢训练、下肢训练、悬吊康复等。笔者对从事外骨骼、康复训练系统、康复机器人、智能反馈等相关技术的企业进行了统计，具体情况见表 5-5。

与外骨骼机器人、康复机器人相关企业的注册多集中于 2019—2022 年，这一时期是国内相关企业注册的高峰期。从表 5-5 中，我们可以清晰地看到各家康复服务机构的产品注册趋势。

第一，获批的康复机器人及其相关产品主要按照使用部位进行分类，包括上肢、下肢、手部和关节等。

第二，智能化和康复机器人技术的发展改变了传统的关节训练器形式。由于被加载智能化、评估、情景模式、处方管理等功能，注册产品的形式也转变成主被动关节训练系统、下肢反馈康复训练系统、下肢/上肢/手部功能训练系统等。

第三，脑电技术被广泛应用于康复领域，脑机接口下肢外骨骼康复训练系统也有不少企业研发并注册。

第四，在外骨骼机器人领域，由于应用场景和侧重点不同，各地区注册的名称也有差异。就下肢外骨骼康复机器人而言，布法罗机器人分别注册了下肢步行外骨骼和儿童下肢步行外骨骼；迈步机器人分别注册了下肢外骨骼机器人、下肢运动康复训练设备、下肢外骨骼康复训练机器人；程天科技分别注册了下肢外骨骼步行康复器、儿童外骨骼步行训练器；安杰莱智能科技注册了单下肢外骨骼康复训练器；大艾机器人注册了下肢步行机器辅助训练装置；远也科技注册了下肢步行辅助训练设备；长沙优龙注册了下肢外骨骼步态训练系统；肯綮科技注册了步态训练系统。

表 5–5　国内外骨骼机器人、康复机器人行业主要企业医疗产品注册现状

企业名称	注册证编号	产品名称
上海傅利叶智能科技有限公司	湘械注准 20222190903	上肢医用康复训练仪
	湘械注准 20212190856	上肢关节训练系统
	粤械注准 20212190816	儿童上下肢主被动训练系统
	湘械注准 20212191239	上肢康复训练系统
	粤械注准 20212190816	儿童上下肢主被动训练系统
	湘械注准 20212191318	上肢关节训练系统
	湘械注准 20212191319	踝关节康复训练系统
	粤械注准 20222190071	手功能训练系统
	沪械注准 20192190087	上肢关节训练系统
	湘械注准 20212191316	上肢关节训练系统

续表

<table>
<tr><th>企业名称</th><th>注册证编号</th><th>产品名称</th></tr>
<tr><td rowspan="4">上海傅利叶智能科技有限公司</td><td>粤械注准 20202192070</td><td>上下肢主被动训练系统</td></tr>
<tr><td>粤械注准 20212190173</td><td>床边下肢主被动训练系统</td></tr>
<tr><td>湘械注准 20212191169</td><td>腕关节康复训练系统</td></tr>
<tr><td>粤械注准 20222091352</td><td>干扰电治疗仪</td></tr>
<tr><td rowspan="7">上海卓道医疗科技有限公司</td><td>沪械注准 20222190033</td><td>上下肢主被动康复训练设备</td></tr>
<tr><td>沪械注准 20212190561</td><td>上肢综合康复训练系统</td></tr>
<tr><td>沪械注准 20232190206</td><td>下肢反馈训练系统</td></tr>
<tr><td>沪械注准 20222190127</td><td>踝关节康复训练设备</td></tr>
<tr><td>沪械注准 20232190352</td><td>上肢三维线性康复训练系统</td></tr>
<tr><td>沪械注准 20202190607</td><td>下肢康复训练设备</td></tr>
<tr><td>沪械注准 20182190338</td><td>上肢康复训练系统</td></tr>
<tr><td rowspan="4">上海电气智能康复医疗科技有限公司</td><td>沪械注准 20212190194</td><td>上肢康复训练系统</td></tr>
<tr><td>沪械注准 20232190315</td><td>关节等速训练与测试系统</td></tr>
<tr><td>沪械注准 20212190113</td><td>减重步态训练系统</td></tr>
<tr><td>沪械注准 20232190203</td><td>平衡训练与测试系统</td></tr>
<tr><td rowspan="2">上海金矢机器人科技有限公司</td><td>沪械注准 20202190535</td><td>下肢康复运动训练器</td></tr>
<tr><td>沪械注准 20212190479</td><td>上肢康复运动训练器</td></tr>
<tr><td rowspan="8">上海司羿智能科技有限公司</td><td>湘械注准 20232190993</td><td>手功能康复训练与评估系统</td></tr>
<tr><td>湘械注准 20232190506</td><td>上肢智能康复训练与评估系统</td></tr>
<tr><td>湘械注准 20222190974</td><td>手功能康复训练仪</td></tr>
<tr><td>湘械注准 20232190391</td><td>手功能康复训练仪</td></tr>
<tr><td>湘械注准 20212191718</td><td>手功能康复训练与评估系统</td></tr>
<tr><td>湘械注准 20232190234</td><td>脑机接口康复训练与评估系统</td></tr>
<tr><td>湘械注准 20232090291</td><td>低中频治疗仪</td></tr>
<tr><td>湘械注准 20232191144</td><td>上下肢主被动训练器</td></tr>
</table>

续表

企业名称	注册证编号	产品名称
深圳华鹊景医疗科技有限公司	湘械注准 20222190334	上肢评估与训练系统
	湘械注准 20212191893	上肢评估与训练系统
	湘械注准 20242190085	手功能康复训练与评估系统
	粤械注准 20232190256	上肢评估与训练系统
	粤械注准 20232190255	上肢评估与训练系统
	湘械注准 20222190271	认知康复评估与训练系统
湖南英特搏医疗科技有限公司	湘械注准 20222190587	上肢主被动运动康复训练设备
	湘械注准 20212191663	上肢康复机器人
布法罗机器人科技（成都）有限公司	川械注准 20222190030	上肢康复运动训练器
	川械注准 20212190118	上肢关节主被动训练器
	川械注准 20202190203	减重步态训练器
	川械注准 20232190268	儿童下肢步行外骨骼
	川械注准 20182190140	下肢步行外骨骼
	川械注准 20212190116	上下肢主被动运动康复训练器
	川械注准 20212190117	下肢反馈训练器
埃斯顿（南京）医疗科技有限公司	苏械注准 20222191732	上下肢主被动康复训练仪
	苏械注准 20222191567	床旁下肢康复训练系统
	苏械注准 20202190951	上肢康复训练系统
	苏械注准 20232191649	踝关节康复训练仪

续表

企业名称	注册证编号	产品名称
橙象医疗科技（广州）有限公司	粤械注准 20212190687	手部持续被动训练系统
	粤械注准 20202191056	下肢康复训练系统
	粤械注准 20232191460	多关节等速训练与测试系统
	粤械注准 20212190936	步态训练系统
	粤械注准 20212191353	下肢振动训练系统
	粤械注准 20202191847	上肢康复训练系统
迈步机器人科技（长沙）有限公司	冀械注准 20212190662	下肢外骨骼机器人
	冀械注准 20212190787	下肢运动康复训练设备
	湘械注准 20222192120	下肢外骨骼机器人
	湘械注准 20212190586	下肢外骨骼康复训练机器人
	冀械注准 20212190786	手指关节持续被动活动仪
	湘械注准 20222192121	手指关节持续被动活动仪
	湘械注准 20222192119	下肢运动康复训练设备
杭州程天科技发展有限公司	浙械注准 20202190269	下肢外骨骼步行康复器
	浙械注准 20232191770	儿童外骨骼步行训练器
	浙械注准 20212190103	下肢外骨骼步行康复器
	浙械注准 20222191006	下肢坐卧式康复训练器
山东海天智能工程有限公司	鲁械注准 20182190003	脑机接口康复训练系统
	鲁械注准 20202190919	手功能康复训练系统
	鲁械注准 20222190090	下肢外骨骼康复训练器
	鲁械注准 202020925	手功能康复训练系统
	鲁械注准 20222190089	脑机接口下肢外骨骼康复训练系统
北京大艾机器人科技有限公司	京械注准 20182190230	下肢步行机器辅助训练装置
	京械注准 20182190229	下肢步行机器辅助训练装置

续表

企业名称	注册证编号	产品名称
中航创世机器人（西安）有限公司	陕械注准 20202190123	下肢智能康复训练系统
	陕械注准 20232190037	上肢康复训练与评估系统
	陕械注准 20192190048	下肢康复训练机器人
	陕械注准 20222190072	上下肢运动康复训练系统
创世纪智能机器人（河南）有限公司	豫械注准 20202191386	下肢康复机器人
郑州安杰莱智能科技有限公司	豫械注准 20222190353	单下肢外骨骼康复训练器
	豫械注准 20242190058	上肢医用康复训练仪
	豫械注准 20232190461	踝关节医用康复训练仪
	豫械注准 20232190546	踝关节医用康复训练仪
	豫械注准 20232190460	踝关节医用康复训练仪
	豫械注准 20232190128	踝关节医用康复训练仪
远也科技（苏州）有限公司	苏械注准 20222190362	下肢步行辅助训练设备
长沙美安雷克斯机器人有限公司	湘械注准 20222192028	下肢外骨骼机器人
长沙优龙机器人有限公司	湘械注准 20232190075	下肢外骨骼步态训练系统
力迈德医疗（广州）有限公司	粤械注准 20212191793	上下肢主被动训练系统
	粤械注准 20212190341	下肢康复训练器
	粤械注准 20222191921	上肢反馈训练系统
	粤械注准 20212191660	上下肢主被动训练系统
	粤械注准 20192190988	踝关节康复训练系统
	粤械注准 20232190855	下肢反馈训练系统
	粤械注准 20232190856	四肢联动康复训练仪

续表

企业名称	注册证编号	产品名称
西安臻泰智能科技有限公司	陕械注准 20222190100	上下肢主被动运动康复训练系统
深圳睿瀚医疗科技有限公司	粤械注准 20182190967	手指关节持续被动活动仪
	粤械注准 20202071107	脑电图机
安徽法罗适医疗技术有限公司	皖械注准 20212190374	手功能康复训练与评估系统
	皖械注准 20212190375	下肢康复运动训练系统
	皖械注准 20232190068	手功能康复训练与评估系统
长沙巨翊医疗科技有限公司	湘械注准 20212191240	手功能康复训练与评估系统
杭州极智医疗科技有限公司	浙械注准 20212190173	关节训练器
	浙械注准 20192190127	肘关节康复训练系统
	浙械注准 20192190128	腕关节康复训练系统
	浙械注准 20232191027	踝关节康复训练系统
	浙械注准 20192190126	膝关节康复训练系统
	冀械注准 20232190390	膝关节等速训练与测试系统
动思创新（湖南）医疗科技有限责任公司	湘械注准 20242190121	可穿戴髋关节康复训练器
力之医疗科技（广州）有限公司	湘械注准 20232191169	上肢评估与训练系统
丞辉威世智能科技有限公司	湘械注准 20202191328	步态康复训练机器人
	湘械注准 20202191079	卧式下肢康复训练器
深圳市肯綮科技有限公司	粤械注准 20232191606	步态训练系统

续表

企业名称	注册证编号	产品名称
富伯（北京）医疗科技有限公司	湘械注准 20212190584	手功能被动训练设备
深圳市奇诺动力科技有限公司	粤深械备 20180582 号	下肢支具
中山市沃倍特智能医疗机器人股份有限公司	粤中械备 20200194 号	站立平衡训练支具
	粤中械备 20210020 号	髋部固定器
	粤中械备 20210019 号	膝部固定器
南京伟思医疗科技股份有限公司	苏械注准 20212191130	减重步行训练跟随系统
	苏械注准 20232190106	上肢运动康复训练系统
	苏械注准 20222191087	上下肢主被动康复训练系统
	苏械注准 20222191987	床边主被动康复训练系统
山东泽普医疗科技有限公司	鲁械注准 20212190955	四肢联动康复训练仪
	鲁械注准 20232190273	下肢肌力训练与评估系统
	鲁械注准 20232190785	上下肢主被动运动康复机
	鲁械注准 20232190274	三维上肢主被动训练与评估系统
	鲁械注准 20232190789	下肢反馈训练与评估系统
	鲁械注准 20192190121	上下肢主被动运动康复机
	鲁械注准 20202191331	下肢反馈康复训练系统
广州一康医疗设备实业有限公司	粤械注准 20212191794	减重步态训练器
	粤械注准 20192190389	下肢智能反馈训练系统
	粤械注准 20212190870	多关节等速训练与测试系统
	粤械注准 20172191092	上肢智能反馈训练系统
	粤械注准 20172191695	步态训练与评估系统
	粤械注准 20152190092	儿童下肢智能反馈训练系统
	粤械注准 20192191032	上下肢主被动运动评估训练仪

四、国内外骨骼机器人领域融资现状

近年来，国内康复行业的投资逐年升高，越来越多的科技型企业作为新鲜血液为康复机器人市场注入活力。除了传统康复器械企业如翔宇、伟思等，关联企业如新松、埃斯顿、微创、乐普、威高等也纷纷布局康复机器人“赛道”，科大讯飞、三星、松下、美的等知名大企业更是跨界步入了这一领域。

在融资方面，笔者检索了行业内较有影响力的 25 家外骨骼机器人领先企业披露的融资信息（表 5-6），2015—2023 年，这 25 家企业累计融资 71 次，融资总金额达 10 亿元人民币。按照时间线看，疫情等因素并没有影响康复领域的投资热情，无论是融资次数还是融资金额，都呈逐年增长趋势（表 5-7）。

表 5-6 国内 25 家行业主要相关国内外骨骼机器人、康复机器人企业融资记录

年份	2015	2016	2017	2018	2019	2020	2021	2022	2023
融资次数	2	6	4	9	8	11	14	11	6

表 5-7 国内外骨骼机器人、康复机器人行业知名企业融资盘点

<table>
<tr><th>企业名称</th><th>披露日期</th><th>交易金额</th><th>融资轮次</th><th>投资方</th></tr>
<tr><td rowspan="3">上海傅利叶智能科技有限公司</td><td>2024/1/10</td><td>未披露</td><td>E 轮</td><td>Prosperity7 Ventures</td></tr>
<tr><td>2022/1/26</td><td>4 亿元人民币</td><td>D 轮</td><td>软银愿景二号基金、Prosperity7 Ventures、元璟资本</td></tr>
<tr><td>2020/10/26</td><td>1 亿元人民币</td><td>C 轮</td><td>元璟资本、前海母基金</td></tr>
</table>

续表

企业名称	披露日期	交易金额	融资轮次	投资方
上海傅利叶智能科技有限公司	2020/5/6	数千万元人民币	B+轮	前海母基金
	2019/7/11	数千万元人民币	B 轮	国中资本、火山石投资、IDG 资本
	2018/2/26	3000 万元人民币	A 轮	景旭创投、火山石投资、IDG 资本、前海母基金
	2016/9/14	1500 万元人民币	Pre-A 轮	火山石投资
	2015/7/1	800 万元人民币	天使轮	IDG 资本、张江科投
	2021/7/9	数千万美元	C++轮	Prosperity7 Ventures
	2021/3/8	数千万元人民币	C+轮	临港科创投
上海卓道医疗科技有限公司	2023/2/15	过亿元人民币	B 轮	丹麓资本、恒旭资本、顺为资本
	2021/1/4	未披露	A 轮	张江高科、联想之星
	2019/3/14	数千万元人民币	Pre-A 轮	幂方健康基金、中铂投资
	2017/3/31	未披露	天使轮	海脉德创投
	2016/3/1	未披露	种子轮	个人投资者
上海金矢机器人科技有限公司	2021/4/9	未披露	股权融资	铱创投资、融享创投、上海机器人产业技术研究院
上海司羿智能科技有限公司	2023/3/6	近亿元人民币	A 轮	国生资本、道远资本
布法罗机器人科技（成都）有限公司	2018/4/8	未披露	天使轮	上海电气

续表

企业名称	披露日期	交易金额	融资轮次	投资方
橙象医疗科技（广州）有限公司	2020/1/20	未披露	股权融资	时代伯乐
深圳市迈步机器人科技有限公司	2022/2/23	数千万元人民币	战略融资	尚元资本
	2021/2/2	数千万元人民币	A++轮	星辰基金、四环医药、德宁实业、联想创投、上善资本
	2020/8/26	数千万元人民币	A+轮	科瀚投资、联想创投、德宁实业
	2019/12/25	未披露	A 轮	威高资本
	2018/5/16	数千万元人民币	Pre-A 轮	分享投资、联想创投
	2017/9/15	未披露	天使轮	联想创投、泰有基金
杭州程天科技发展有限公司	2023/10/7	未披露	B 轮	Pappas Capital、余杭国投集团、余杭转型升级产业基金
	2022/2/10	过亿元人民币	A+轮	达晨财智、国投证券、保利资本、蓝驰创投
	2021/3/30	数千万元人民币	A 轮	蓝驰创投
	2020/5/14	未披露	Pre-A+轮	余杭基金
	2018/8/29	数千万元人民币	Pre-A 轮	纳通集团、国彤创丰
	2016/11/9	未披露	天使轮	赤松资本

续表

企业名称	披露日期	交易金额	融资轮次	投资方
山东海天智能工程有限公司	2021/2/26	未披露	股权融资	长鹰创投
	2016/3/30	未披露	A 轮	国开发展基金
北京大艾机器人科技有限公司	2020/1/9	未披露	股权融资	亦庄国投
	2018/2/13	数千万元	Pre-A 轮	金科君创资本、硅谷天堂
	2016	1200 万元人民币	天使轮	首都科技发展集团
中航创世机器人（西安）有限公司	2022/6/1	数千万元人民币	A+轮	海通创新、中航联创、诺威立行机器人、一八九六资本、航空工业
	2019/3/15	未披露	天使轮	中航联创、诺威立行机器人
安杰莱科技（杭州）有限公司	2022/4/12	数千万元人民币	Pre-A 轮	十月资本、上海蓄元
远也科技（苏州）有限公司	2021/4/23	千万级美元	A 轮	碧桂园创投、乔贝资本、高瓴创投、BV 百度风投、线性资本
	2020/10/29	数百万美元	Pre-A 轮	BV 百度风投、高瓴创投、线性资本、乔贝资本、智慧基石
西安臻泰智能科技有限公司	2022/5/17	未披露	A 轮	胡杨林资本
	2021/8/4	未披露	Pre-A 轮	奇绩创坛
	2019/9/24	数百万元人民币	天使轮	联想创投

续表

企业名称	披露日期	交易金额	融资轮次	投资方
深圳睿瀚医疗科技有限公司	2022/2/25	未披露		—
	2021/8/6	未披露		—
	2018/5/4	近 2000 万元人民币	Pre-A 轮	西安高新技术产业风险投资、上海青锐创投、深圳睿鼎资本
	2017/5/3	800 万元人民币	天使轮	上海众合资本、上海青锐
富伯（北京）医疗科技有限公司	2020/4/24	未披露	Pre-A 轮	水木创投、全球健康产业创新中心、水木信和医疗
丞辉威世智能科技有限公司	2023/6/21	未披露	A+轮	投控东海
	2022/4/22	未披露	A 轮	南山创投
深圳市奇诺动力科技有限公司	2021/4/16	近亿元人民币	A 轮	源码资本、基石资本、耀途资本、磐谷创投、富增基金
	2017/8/24	未披露	Pre-A 轮	XBOTPARK 基金
	2016/8/4	数千万元人民币	股权融资	磐谷创投、清水湾基金、顺禧基金
南京伟思医疗科技股份有限公司	2020/7/21	未披露	股权融资	长江证券
	2020/7/20	4.67 亿元人民币	IPO 上市	公开发行
	2015/6/1	未披露	战略融资	阳和投资
				海通开元
山东泽普医疗科技有限公司	2022/11/30	未披露	A 轮	东银投资

续表

企业名称	披露日期	交易金额	融资轮次	投资方
迈宝智能科技（苏州）有限公司	2023/5/31	数千万元人民币	A 轮	神骐资本、苏州高铁新城、个人投资者
	2021/6/25	数千万元人民币	Pre-A 轮	神骐资本
	2019/4/18	数千万元人民币	天使轮	索道投资
	2018/8/1	数百万元人民币	种子轮	集萃微纳
深圳市英汉思动力科技有限公司	2022/3/3	5000 万元人民币	Pre-A 轮	普曼创投、欣禾创投、晨晖创投、浩方创投、草稚星基金
	2021/3/30	未披露	天使+	欣禾创投、莞商清大、晨晖创投
	2018/5/18	未披露	天使轮	XBOTPARK 基金、清大创投
上海博灵机器人科技有限责任公司	2022/1/28	未披露	A 轮	乾融控股
	2018/3/15	未披露	天使轮	可可资本、武进高新投
上海傲鲨智能科技有限公司	2023/8/8	未披露	A 轮	国仪资本、敦鸿资产
	2020/11/2	数千万元人民币	Pre-A 轮	九合创投、英诺天使基金、明势资本
	2019/2/20	数百万元人民币	天使轮	明势资本、险峰 K2VC
赤源动力（大连）科技有限责任公司	2019/11/5	未披露	天使轮	SOSV 中国加速

五、国内外骨骼机器人年销售数据预测

中国产业信息网全球数据显示，2017 年，我国外骨骼机器人销售市场规模约为 620 万元。2018 年，国内外骨骼机器人销售市场规模达到 4498 万元，同比增长 625.5%。其中，军用外骨骼机器人销售市场规模为 600 万元，民用外骨骼机器人销售市场规模为 3898 万元。

前瞻产业研究院数据显示，2022 年，国内外骨骼机器人医疗领域招投标金额约为 6422.92 万元，根据 2022 年医疗外骨骼机器人在国内市场的占比情况（约 30%），测算出 2022 年国内外骨骼机器人市场规模约为 2.14 亿元。

2024—2029 年，中国外骨骼机器人行业市场前瞻与投资战略规划分析报告预测，中国外骨骼机器人行业市场规模将以每年 25%左右的速度增长，到 2027 年行业市场规模将突破 3 亿美元。

整体来看，国内外骨骼机器人销售市场的发展速度较国外会更快。就行业发展而言，虽然国内企业起步较晚，但因技术上的研究与国外同步进行，所以与国外的发展差别并不大。而且，国内产品基本功能都具备，细分市场研究更广阔。在政策和资本的催化下，国内外骨骼机器人行业的发展已经进入黄金阶段。笔者请教过行业内多家外骨骼机器人企业的从业人员，从中了解到，3 年新冠疫情直接影响了外骨骼机器人市场的发展，主要原因在于大小医院康复科室的收益受疫情影响很大，且因医院总体资金的使用约束，使得康复科购置资金减少；次要原因是大量需要康复的患者无法出行体验家用外骨骼机器人，妨碍了家用外骨骼机器人的销售。直到 2023 年下半年，才明显感受到该行业的回暖和发展。预期未来 5 年内，该行业能持续保持 50%～100%的年增长率。

六、国内外骨骼机器人未来发展趋势的关键驱动因素

（一）医疗机构的康复需求不断提升

康复医院的数量与床位数正持续增加。卫生统计年鉴显示，2011 年，全国共有康复专科医院 301 家，其中公立康复医院 146 家，民营康复医院 155 家。至 2018 年，全国康复医院已增至 637 家，其中公立康复医院 152 家，民营康复医院 485 家。至 2021 年，全国康复医院进一步增至 810 家，其中公立康复医院 182 家，民营康复医院 628 家。值得注意的是，民营康复医院数量从 2011 年的 155 家增长到 2021 年的 628 家，年均增速超过 15%。

与此同时，全国康复医学科床位数也在不断增加。2011 年，全国康复医学科床位数量仅有 8. 37 万张。至 2018 年，全国康复医学科床位数已增长到 24. 63 万张。2019 年的全国康复医学科床位数为 27. 17 万张，而到了 2020 年，床位数量已超过 30 万张，2021 年更是达到 34. 3 万张，年均复合增长率达到 15%。

目前，我国康复医师占基本人群的比例约为 0. 4/10 万，而发达国家该项数据比例则达到 5/10 万，两者相差悬殊。按照卫健委的要求来预测，我国二、三级医院共需要康复医师 5. 8 万人、治疗师 11. 6 万人，社区综合康复人员需要 90. 2 万人，是现有康复人才的 10 倍以上，存在巨大的人才缺口。近年来，受人们健康意识增强、老龄化加速、医院康复体系建设影响，康复治疗的需求逐年上涨。与之对应，康复医师培养周期长、治疗师的水平参差不齐、收入偏低、社会和医院重视程度不高、职业地位不高，传统康复器具缺乏量化评价指标，患者感受不到效果，康复治疗服务则出现供给不足的现象（图 5-5）。

（二）老年照料、健康服务需求增加和劳动力萎缩的矛盾

北京大学人口学研究报告显示，2020 年，我国失能老龄人口达

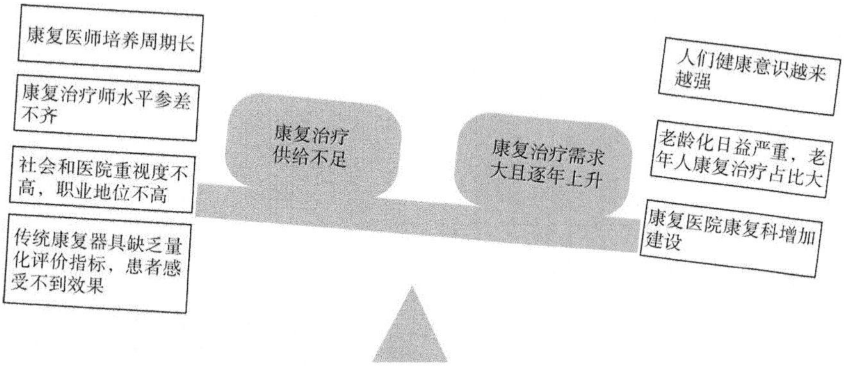

图 5-5　康复治疗供给需求不足

到 5271 万人。预计到 2030 年，这一数字将超过 7765. 68 万人，失能老人平均将经历 7. 44 年失能期。人口老龄化进程加快将极大地刺激老年人对外骨骼机器人的需求。以脑血管疾病患者为例，随着老龄化社会的加速到来，我国脑血管病患者群体不断扩大，如果不采取更有效的措施，到 2030 年，我国将有 3177 万名脑卒中患者。

我国人口老龄化具备 4 个显著特征：

（1）银发人口总量庞大。至 2022 年末，我国 60 岁及以上人口超 2. 8 亿人，占比 19. 8%，65 岁以上人口近 2. 1 亿人，占比 14. 9%（图 5-6、图 5-7）。

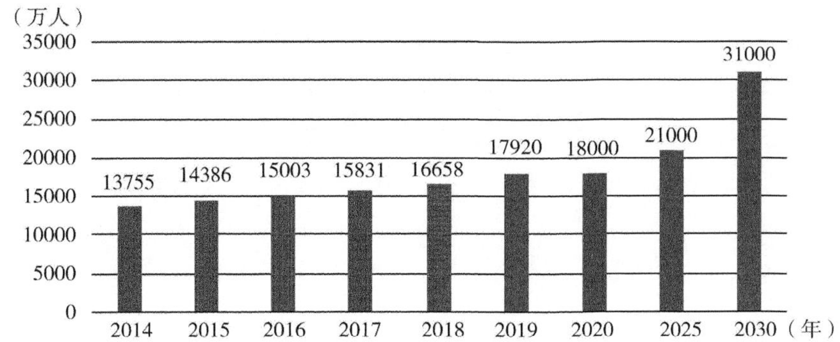

图 5-6　我国 65 周岁及以上人口数量变化

（2）老龄化进程快。我国从进入老龄化社会到深度老龄化社会仅用了22年，而法国、英国、德国、日本则分别用了126年、46年、40年、24年。

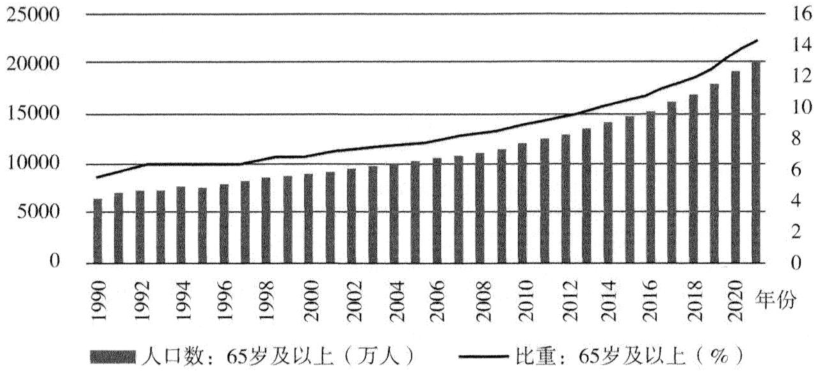

a

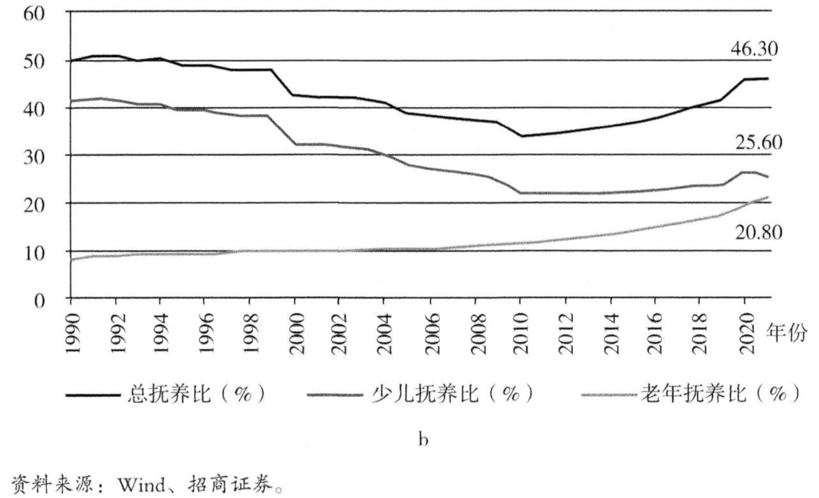

b

资料来源：Wind、招商证券。

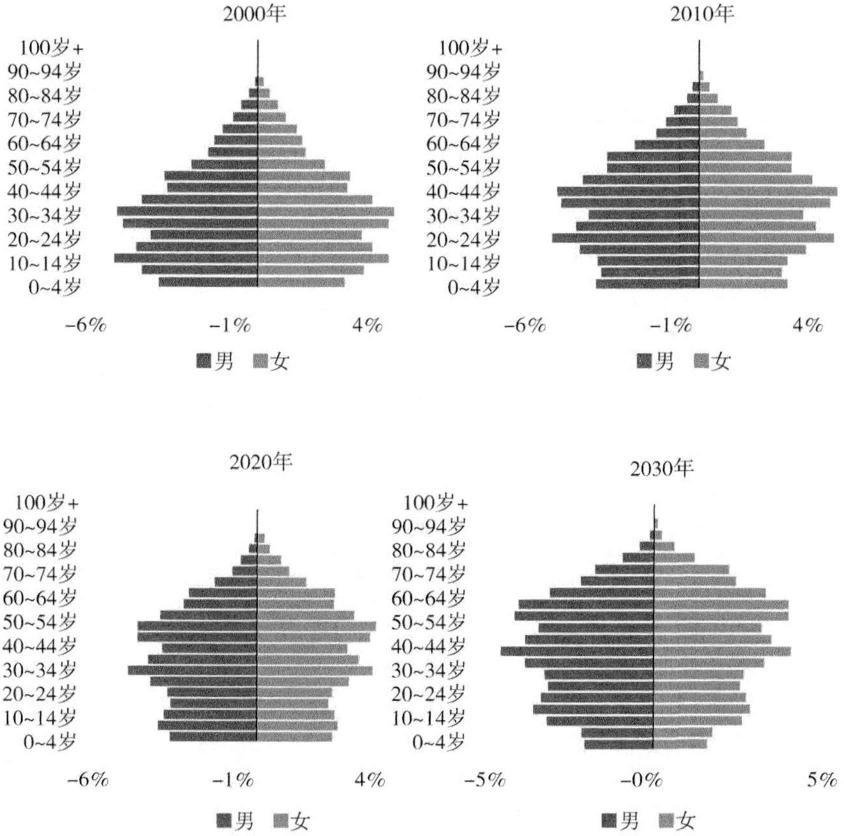

c

资料来源：Population pyramid，招商证券。

图 5-7　我国人口老龄化的 4 个显著特征

a. 中国银发人口总量庞大　b. 老年抚养比的上升驱动总抚养比上行（%）

c. 2000 年到 2030 年中国人口结构变动

（3）地区间不平衡。由于人口迁移及气候环境因素，北方地区的老龄化程度略高于南方地区，东部地区的老龄化程度高于西部地区（表 5-8）。

表 5-8　中国老龄化程度地区分布情况

梯队	城市	60 周岁+人口占比	梯队	城市	60 周岁+人口占比	梯队	城市	60 周岁+人口占比
第一梯队	大连	24.7%	第三梯队	武汉	17.2%	第四梯队	昆明	14.4%
	上海	23.4%		苏州	17.0%		南宁	14.4%
	沈阳	23.2%		杭州	16.9%		西宁	14.4%
	重庆	21.9%		福州	16.8%		贵阳	13.3%
	天津	21.7%		哈尔滨	16.8%		呼和浩特	13.3%
	长春	20.9%		兰州	16.6%		乌鲁木齐	13.3%
	济南	20.0%		温州	16.5%		郑州	12.8%
第二梯队	无锡	19.8%		太原	16.1%		银川	12.8%
	北京	19.6%		北海	16.1%		海口	12.4%
	南京	19.0%		西安	16.0%		广州	11.4%
	宁波	18.1%		长沙	15.3%		三亚	10.4%
	石家庄	18.0%		合肥	15.3%		厦门	9.6%
	成都	18.0%		南昌	15.0%		深圳	5.4%

（4）未富先老。我国进入老龄化和深度老龄化社会时，人均 GDP 与发达国家仍差距较大，收入水平对于消费的支撑力度不足（表 5-9）。

表 5-9　主要国家进入老龄化和深度老龄化时间

国家	进入老龄化社会		进入深度老龄化社会		时间间隔（年）
	年份	人均 GDP（美元现值）	年份	人均 GDP（美元现值）	
美国	1942 年	14870	2014 年	55033	72
英国	1930 年	/	1975 年	4300	45
日本	1971 年	2272	1995 年	43440	24
韩国	2000 年	12257	2018 年	31363	18
俄罗斯	1967 年	7943	2017 年	10751	50
中国	2000 年	959	2022 年	12551	22

随着劳动力市场萎缩，专业康复人员数量、医疗和公共资源不足，康复服务和康复设备应用场景开始从院内拓展到院外，社区和居家成为新的竞争焦点。基于“9073”养老模式，政策的支持和资本的投入，国内众多外骨骼机器人企业已经布局社区和居家市场，提供康复治疗的一体化方案。在老年消费市场，以程天科技为代表的企业已经深度布局。随着人们康复意识的增强，众多产品将推向居家和社区康复中心，这将成为大而全企业的必争之地。针对居家场景，单一产品线的企业难以突破市场壁垒。因此，产品多元化和服务多元化成为必然发展趋势。同时，老年人的消费需求也在不断攀升，数字化不再是年轻人的专属标签，老年人同样需要智能化、舒适性、高体验和便利的产品和服务。

（三）分级诊疗服务体系驱动企业服务模式分化

三级康复医疗分级服务体系是国际上比较认同的模式。2011 年，卫生部发布的《关于开展建立完善康复医疗服务体系试点工作的通知》，明确提出要建立三级康复医疗分级诊疗体系，将全国康复医疗分为 3 个层面：急救期、稳定期、恢复期。参照美国、英国、日本等发达国家做法，急救期主要在综合医院进行，稳定期以康复医院或者是二级综合医院的康复科为主，恢复期则是将康复引入社区。康复分级诊疗能合理优化医疗资源配置，减轻三级医院康复负荷，提高社会卫生医疗服务利用率。当前，国内的分级诊疗虽处于初级阶段，但已是大势所趋（图 5-8）。

基于分级诊疗的各场景特点，从每一阶段的产品需求、产品的功能到适用的人群、各场景资源等都会影响企业的商业和技术服务模式。以康复功能为核心的康复机器人主要应用场景是医院端，以辅助功能为核心的康复机器人主要应用场景是个人用户端。例如，以康复功能为核心的康复机器人一般需要专业的康复师来指导，时

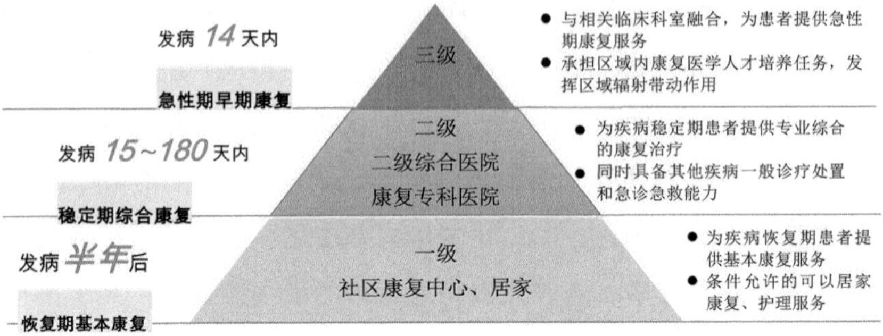

图 5-8　结合康复阶段的三级诊疗体系

间上多为术后的黄金康复期，适合在专业的医院完成；以辅助功能为核心的康复机器人一般不需要太多指导，可以在社区或居家完成。

公立三甲医院最看重产品的性能和临床数据，在职称评价的要求下促使医生有科研项目需求，医患矛盾的加剧使得医生更加看重数据和证据。在产品差异化不明显的情况下，有科研背景和数据化服务的企业相对有优势。在当前外骨骼康复机器人价格偏高的情况下，公立三甲医院作为智能康复机器人的主要需求者，也要求企业在售前和售后对医院端提供培训服务、学术支持和整套的解决方案。民营康复医院的规模和比例越来越高，民营康复医院更重视成本及投入回报率，且决策链短，对于高端的康复机器人，租赁和服务分成模式更受他们欢迎。针对社区和居家的多为辅助类产品，因场景多元、消费者的个性化需求多，对产品的迭代要求高，要达到“消费级”的康复机器人，则需要在满足安全性的基础上，更注重产品的舒适度、外观、价格及服务。

（四）床旁康复体系拓展外骨骼机器人应用边界

康复向早期延伸是床旁康复，老年失能向后发展则为床旁照料，两者都需要用到床旁康复设备。这两种情况下的早期康复介入都是为了能够有效预防废用综合征和误用综合征等发生，如果在患病早期和失能卧床早期就开始进行正确的训练，则可完全或部分预防这种异常表现。

随着《康复医学专业医疗质控指标（2022 年版）》发布并被纳入《三级医院评审标准（2022 年版）》，早期康复介入率上升为三级医院的考核项，将得到医院和医生的重视，临床和康复的联动或将成为必然。2023 年 2 月 28 日，《2023 年国家医疗质量安全改进目标》发布，指明了提高早期康复介入率的 4 个核心策略分别是建立多学科团队、制订介入方案及标准化诊疗流程、建设康复信息化管理系统、明确质控数据并纳入科室考核。

早期康复的产品，如床旁康复机器人将是一个市场机会。目前，床旁康复机器人比上肢、下肢康复机器人在三甲医院的普及度更低，且针对不同科室的早期康复差异化需求并没有很好的解决方案。未来，针对神经科、骨科、ICU 等科室需提供不同的早期康复解决方案。

（五）数字化体系建设是未来大趋势

数字化可实现评估和智能生成康复训练方案一体化。传统康复评估基本还是依据评估量表，由康复师对患者一对一人工评估，不仅耗时耗力，还常常因为患者动作经常不达标、动作迟钝而出现人工评价的主观性和偏见，导致评估结果因人而异。目前，基于外骨骼机器人、康复机器人的进步发展是可以把患者产生的所有数据形成可视化报告，用报告的数据及时了解掌握患者的康复效果，从而变成标准的临床路径，实现治疗的标准化。

基于上述可能性，医院和机构可以通过数字化布局，完善三级康复诊疗体系建设，为康复机器人基于数据生成治疗方案和远程康复打基础，布局康复全程管理。比如，程天科技正在计划以康复大数据为支撑构建康复云平台，通过康复知识图谱推动远程康复，可覆盖医疗康养机构端、医师治疗师端及用户端，对用户日常生活能力、主被动训练变化对比等进行实时监测，建立全流程患者管理。

（六）康复病组按价值付费模式可能改变康复服务业态

在2024年全国两会期间，全国人大代表、中国太保战略研究中心主任周燕芳针对康复医疗支付中存在的问题，提出扩大康复医保支付范围、优化康复医疗支付模式的建议。

过去国内通用的是疾病诊断相关分组（Disease Related Groups，DRG）付费和按床日付费的支付模式。

DRG是一种疾病分类和付费方法。该方法是将住院患者按照疾病严重程度、治疗方法复杂程度以及资源消耗程度的相似性分成一定数量的DRG组，以组为单位打包确定医保支付标准。这样的支付方式在一定程度上控制了医疗成本，提高了康复资源的利用率，但是却很难对医院的医疗行为产生制约或激励作用。

按床日付费是指根据住院患者病情进行分类，制定相应疾病床日付费标准，医保机构根据参保患者住院床日数和相应床日付费标准等为医疗机构支付医疗费用。按床日付费操作简单，不用考虑患者接受医疗服务的数量和价格，在一定程度上控制了费用的不合理上涨，但由于医院收入与参保患者住院天数有关，可能会导致部分医院为获利而延长患者住院天数，还可能会为控制成本故意减少必要的检查或治疗项目，降低康复服务质量。

无论是DRG付费还是按床日付费都是只支付服务，而不支付疗效。而基于功能状况分类的预付制（Functional Related Groups by Status，FRGs）目前已在美国1400所医院得到应用，患者记录已经超过百万，在加拿大、墨西哥、法国、以色列、南非、澳大利亚、韩国、日本等国家和中国香港等地区均得到了推广。相关研究表明，功能相关分类支付办法更加适合康复医疗的特点，制定规范化、标准化的预付标准是可行和科学的（表 5-10、表 5-11）。

表 5-10　各场景的产品核心需求、核心关注点、主流商业模式

场景	公立医院	民营医院	社区康复	居家
产品核心需求	专业康复	综合康复	基本康复＋辅助	基本康复＋辅助
核心关注点	康复效果＋临床数据	康复效果＋盈利性	性价比	性价比
主流商业模式	经销、直销	直销、租赁、服务分成	直销、租赁	直销＋增值服务

表 5-11　美国各阶段医疗支付模式的优缺点

时间	急性期住院医疗	康复住院医疗	优点	缺点
1965—1982 年	按服务付费	按服务付费	有助于调动医疗机构的积极性，操作方便	容易导致过度治疗，造成医疗行为难以规范，医护费用难以控制
1982—2002 年	DRGs	1982—1997 年按服务付费；1997—2002 年实施 DRGs 预付制	有利于控制费用，约束医院行为，缩短急性期住院周期，推动分级诊疗	费用额度设置不同，新老医院上限差距明显，影响医院积极性，疾病有不同严重程度，实际治疗费用差异很大
2002 年至今	DRGs	FRGs	患者的综合恢复水平与费用密切相关，收费方式合理，促进医院寻求最佳诊疗方案，争取在最短的时间内使患者功能康复	/

据了解，FRGs 的执行关键在于建立科学合理的功能评价工具，励建安院士正在推动 WHO 颁布的 ICF（国际功能分类编码）在国内

普及与应用，希望据此形成中国自己的功能评价体系。目前，不论是三级医院的考评方式增加了早期康复，还是支付方式 FRGs 的探索，我们都可以看到，考虑临床治疗的效果和质量将成为康复行业的服务大趋势，这对外骨骼机器人这种综合治疗效果好的设备来说无疑也是潜在利好。

第六章　国内外骨骼机器人产业的发展问题与建议

第一节　国内外骨骼康复市场的共性挑战与问题

一、外骨骼机器人使用的设备风险

外骨骼机器人属于新型医疗设备，目前尚未大范围普及应用，尚不清楚这些设备可能存在的风险类型和程度，行业标准也有待制定。使用的场景和适配方案并非完全标准化，复杂的结构和使用方法使得即使在正常运行状态下使用外骨骼机器人也可能存在风险，在故障状态下使用外骨骼机器人的风险更大。笔者整理了一些与外骨骼机器人使用有关的风险因素，供从业者参考。

（一）外骨骼机器人的常见故障问题

设备故障是当前外骨骼机器人在临床应用早期面临的最大问题，笔者通过从事外骨骼机器人工作的学生对国内多家头部外骨骼企业在北京小汤山医院、首都医科大学附属北京康复医院、中国康复研究中心（北京博爱医院）、中国中医科学院望京医院、首都医科大学附属北京潞河医院、首都医科大学附属北京儿童医院、密云脑科医院、北京大学第三医院等多家北京医院应用的外骨骼机器人运营情况调研发现，设备在实际运营中频繁出现故障并经常需要维修维护。设备的故障与设备的应用密切相关，不同患者的具体情况，如肌张力的干扰、自我平衡能力及体重差异等因素，都会对设备的应力负载、训练强度、训练方案提出不同的要求，正因设备需要承受更大的负载，这也增加了设备出现故障的风险。因此，很多外骨骼企业在早期市场推广时遇到了诸多挑战，这些企业生产的外骨骼设备常见的问题包括但不限于：

（1）充电不稳定，电池电量显示异常，掉电关机等状态不稳定。

（2）系统鲁棒性差，出现黑屏、闪屏，程序误操作等故障；可能引发的问题包括编码器故障、行走通信障碍、控制线路板出现焊接异常等情况。

（3）连接部位部件脱落或卡死。由于运动带来的挤压活动可能使得连接部位固定机构松弛或卡死，比如螺丝钉脱落、锁紧机构卡死、精密部件中出现碎屑等引起调节吃力等。

（4）设备关节出现异响和异常运动，电极发热严重。

（5）设备绑带连接不牢靠，出现断裂、不粘等情形。

（6）机械结构设计不合理，出现机械变形、运动摇晃等情况，如腿杆强度不够出现断裂，腿杆韧性不好，穿戴后呈现外八字行走等。

随着经验的提升，以及对个性化适配的深度理解，近两年来上述问题在不断减少，各头部外骨骼机器人企业都获取了良好的技术经验，在实践中提升了产品设计能力。

（二）典型康复机器人 Lokomat 设备的使用问题

国内外相关文献均报道过 Lokomat 的使用风险。当 Lokomat 设备的角度传感器出现故障时，步态矫形器的运动会出现卡顿，影响患者的正常训练，严重时设备甚至会报错并停机。在 FDA 中搜索相关的不良事件发现，当 Lokomat 跑步机速度提高时，有时会出现腿部的速度与跑步机速度不成比例的情况。此时，即使尝试停机并重新启动设备也可能无法正常运行并报错，这无疑会对患者体验造成负面影响。

为确保 Lokomat 机器人能够安全地运行，康复师必须熟悉设备的操作流程，而技术人员则需要定期检查维护设备。对于 Lokomat 等外骨骼机器人而言，维护保养工作尤为重要。这通常包括检查机械部件、螺栓和焊接接头，确保这些部位不会因松动或磨损而出现脱落的情况。同时，还需对必要的部件进行润滑，防止过大摩擦。定期调整腿部配件，如更换皮带、弹簧等易损部件。值得注意的是，康复师还需留意 Lokomat 运动平板皮带附近存在危险区域和缝隙，避免使用者发生意外伤害。同时，也要确保扶手稳定，防止发生因滑落而造成的伤害。

二、市场扩张阶段的产品价格无法匹配核心用户需求

由于外骨骼机器人在应用领域具备特殊性，在产品导入市场概念宣传期间，市场教育成本较高。由于人群需要的多样性，使得结构规划、功能设计、部件材料选择等方面都需综合考虑各种穿戴细节，包括可调性和多样性功能等，因此其研发过程具有较强的特殊性。再者，其研发、审批和获取认证的周期较长，导致企业运营投入成本较高、最终价格昂贵。外骨骼机器人属于二类医疗器械，且普及程度有限，在国内尚未被纳入医保或商业保险的范畴。因此，我国目前主动接受外骨骼机器人进行康复治疗的患者仅为极少数群体。

目前，应用于医疗机构的外骨骼机器人的使用价格为200~300元/次，而一台设备的招标采购价格则在 50 万~200 万元，家用外骨骼机器人的价格普遍位于 10 万~50 万元。尽管外骨骼机器人的功能益处远远超出传统的代步、助行和康复设备，但由于定价问题，许

多经济负担本就沉重的伤残患者、老年患者无法从容购买或持续租赁。受到前期成本、价格方面的影响，国内大部分从事外骨骼机器人研发制造的公司未能实现产品大规模量产，这也是外骨骼机器人价格高居不下的潜在原因。

外骨骼机器人作为一种康复辅助器具，专为特定群体设计，对康复训练的患者来说其重要性日益凸显，因为它能提供更强性能和训练效果，尽管产品是可以被同类设备取代的，但目前产品的普及率仍然较低。从医院机构使用情况来看，虽然产品价格高，但是对康复医院来说，更看重其价值属性。外骨骼机器人的概念和产品属性能够为医院提供一种新的收费和治疗方式。虽然外骨骼机器人供应商较多，但各家的产品在软件和训练方案方面形成了差异化竞争，有较多的竞争对手和比价空间。从个人使用情况来看，产品提供了高性能的综合解决方案，可以满足患者站立、关节活动、行走、悬吊等多方面的训练需求。然而，较低的普及率没能形成从众消费效应，且单品康复设备以非常低的价格就能够取而代之，因此，患者在价格与实际效果之间会更倾向于考虑价格因素。综上所述，外骨骼机器人在医疗端属于需求弹性小的产品，而在个人家庭消费市场属于需求弹性大的产品。对医院而言，更看重功能性和附加值；而在个人家庭消费领域，则更看重价格。因此，在市场拓展阶段，合理地按节奏推动价格的降低有利于刺激更大的个人家庭端消费市场。

从当前外骨骼机器人市场来看，设备已经过了最初的概念导入期，大多数医疗从业者已经接受外骨骼机器人，部分患者也认可了外骨骼机器人的疗效。市场处于逐步扩张阶段，同期各家外骨骼机器人制造企业也在产能爬坡阶段。当前及未来相当长一段时间内，所有外骨骼机器人企业将面临着生产成本和运营成本相对较高的问题。尽管随着规模化生产，部分成本有所下降，但产量的增加并没有降低个性化服务的技术投入成本，技术服务投入和质量要求仍使得整体成本难以大幅度降低。由于不能大幅降价，对于价格-需求弹性比较大的个人家庭消费市场来说，就难以进一步推进规模效应。同时，由于市场竞争激烈和消费者对价格敏感，厂商可能在阶段性降价中选择降低产品质量以降低成本。这样做虽然能够推动销售，但长期来看可能会影响产品的核心性能和用户体验，不利于形成长期稳定的市场。

从长久来看，外骨骼机器人市场若能依靠技术革新和政策扶持推动其价格在合理范围内下调并控制在某一合理水平，如 1.7 万~3.1 万元（第四章第三节三、（三）《智能康复辅具居家康复租赁市场调研问卷》），将能够有效推动外骨骼机器人的普及和发展。

三、市场的商业体系搭建和准入门槛制约

外骨骼机器人虽具有协助失能、残疾老人进行康复治疗和恢复行走等先进功能，但由于价格昂贵、操作复杂、占地面积较大等方面的因素影响，目前患者大多只能在部分大型医院或专业化的康复中心体验到这一康复服务。推动外骨骼康复产品替代传统辅助器具需要进行大量的市场教育和推广工作，以逐渐改变患者和医生对康复手段的传统认知。这需要耗费大量时间和资源，是一个普遍存在的问题。社会大众对于外骨骼机器人服务仍处于“一知半解”的状态，外骨骼机器人真正走入千家万户还需要相对漫长的时间。

尽管外骨骼机器人在概念和应用效果上已得到临床医生的认可，但从实际来看，普及之路依然充满挑战，个体差异化的需求和价格问题限制着市场的推广。虽有多家企业入局外骨骼机器人“赛道”，但都在探索先进的服务模式和商业路径，总体发展呈现缓慢且艰难的态势，多数品牌未能在个人家庭端消费市场形成一定的知名度和

影响力。

从目前外骨骼机器人产业发展的整体业态看，CFDA 医疗器械注册证是外骨骼机器人的合法准入凭证。获得这一认证极为困难，需要企业深入了解不同患者群体的医疗器械辅助器具需求，具备相对成熟的软件/控制/硬件/机械设计技术系统，有专业的生产制造能力，有丰富的市场应用经验，并有能力搭建合适的商业运行模式。然而，当下国内市场的现状是缺乏外骨骼机器人医疗康复领域的标准和制度，缺乏横向的专业服务人员，缺乏必要的医工结合人员。这使得外骨骼机器人设计工程师、生产制造商和应用服务人员之间缺乏沟通，难以推动外骨骼机器人研发所需的数据与案例积累，导致外骨骼机器人在通过 CFDA 认证、研发体系搭建和商业服务领域的发展受到制约，制约了外骨骼机器人市场规模的发展。

四、缺乏共性技术协同开发且同质化研发

目前，外骨骼机器人产业内的研发资源相对分散，各大研发机构和企业往往各自为战，缺乏有效的资源共享和协作机制。从现实角度看，没有专利的共享机制和完善的学术职称的配套措施，使得在技术研发中所有研发和经营主体都采用封闭模式，不愿意与其他厂商或科研机构进行合作。这导致了共性技术的重复开发，浪费了资源，也阻碍了行业整体的进步和产业的创新能力及竞争力的提升。

由于缺乏共性技术协同开发的平台和模式，目前国内外骨骼机器人行业市场参与主体众多，企业数量达到 300 余家，远超国外。同质化竞争现象日趋严重，产品功能单一、设计雷同，无法满足市场和用户的多样化需求。这也使得企业陷入低水平的竞争泥潭，创新能力受到严重限制，企业往往更注重短期利益，忽视了长期的技

术积累和创新投入，导致产业整体技术水平提升缓慢，给外骨骼机器人行业的发展带来了不良影响。

（1）过度的同质化导致价格战，进而引发收益率逐年下降。为了在激烈的市场竞争中生存下来，部分外骨骼机器人公司不得不依靠打价格战来争夺优质客户资源，导致行业毛利率下降，进而引发非良性竞争，研发和技术的创新资金投入减少，不利于行业的良性发展。

（2）为了提高市场占有率，过大的市场运营投入。为了提升行业影响力和行业知名度，吸引更多关注和资本投入，目前多数外骨骼机器人公司对各家医院机构的总体投放度偏高，甚至为了维系基本的市场占有率，不计成本地投放，给企业带来了较大的财务风险。

五、缺乏对传统辅助器具有规划的体系化替代

传统辅助器具，如轮椅、拐杖、助行器等，由于其简单的结构、解决问题的针对性和低廉的价格，已经得到了人们的广泛认可和应用。而外骨骼机器人作为一种高科技康复辅助器具产品，其研发和制造成本相对较高，导致产品价格也偏高。这使得许多潜在用户望而却步，无法享受到外骨骼机器人带来的生活便利。传统辅助器具已经深入人们的生活，人们对其形成了固定的使用习惯和认知。而外骨骼机器人作为一种新型的辅助器具，需要人们学习和适应。这在一定程度上增加了人们的使用难度和心理负担，影响了人们对外骨骼机器人的接受度。

传统辅助器具产业在市场和用户接受度方面具有优势，而外骨骼机器人产业在技术和创新方面具有优势。外骨骼机器人产业通过加强和传统辅助器具产业的合作与融合，可以实现优势互补和资源共享。例如，可以共同开发新型的外骨骼轮椅、外骨骼拐杖、外骨

骼支具等产品，既保留了传统辅助器具的优点，又融入了外骨骼机器人的先进技术，从而借助传统辅具形成一套完整的外骨骼辅助器具体系。

六、外骨骼机器人研发挑战

尽管外骨骼机器人的市场热度一直较高，但其仍面临着诸多技术层面的核心问题，这些问题阻碍着设备的进一步研发与生产。在康复机器人领域，柔性材料的研发、机器续航能力的增强及稳定性的提升等方面也存在诸多挑战，这些技术瓶颈目前限制了外骨骼机器人在我国实现大规模量产的可能性。

（一）保障安全性问题

外骨骼机器人并不是一个可独立运转的设备，而是需要以人体作为核心进行工作。在辅助运动方面，外骨骼机器人技术系统仍存在缺陷，如下肢外骨骼机器人重心不稳、响应速度慢等，尚无法为使用者提供足够的舒适度与功效。当使用者试图控制外骨骼机器人进行移动时，这些缺陷可能导致外骨骼机器人成为行动的阻碍，使用者需使用更大的力气来控制外骨骼机器人。在当前市场整体技术环境下，外骨骼机器人在环境适应性与运动灵活性方面有待提高，还难以适应各类使用者的需求，且存在与使用者预期动作不符合等情况。考虑到伤残、老年患者本就存在不同程度的身体损伤，设备与人体紧密连接可能会增加使用中出现身体失衡等安全问题的风险。

（二）舒适性与治疗安全问题

围绕“康复”和“治疗”这两大核心功能，外骨骼机器人是基于人体交互设计的，能贴身带动肢体灵活运动。目前，外骨骼机器人采用捆绑穿戴的方式，且材料刚性较强，这导致设备难以与人体极致地适配，长期穿戴可能会给患者带来压迫感，对其健康产生不良影响。

（三）产品轻量化、便携化问题

设备的轻量化和便携化是外骨骼机器人广泛应用的前提。现在，大多数外骨骼机器人过于沉重，携带、放置不方便，这使得患者很难独自将其带到户外使用。如何实现设备的轻量化和便携化，是外骨骼机器人未来的一个重要研究方向。此外，由于外骨骼机器人面向的康复对象个体化差异很大，不同的使用对象对髋、膝、踝关节的助力需求不同，有些使用者仅存在 1 个或 2 个关节功能障碍，不需要穿戴整套下肢助行机器人。因此，根据不同的功能障碍需求，设计能够单关节或多关节结构重构的外骨骼机器人，以个体化的助力策略帮助康复对象，也是对未来外骨骼机器人发展的一个挑战。

（四）人机协同问题

外骨骼机器人的正常运转需要设备、医生和患者三方之间的紧密协调，其中传感器融合、人体运动意图识别、机器响应速度均影响着对患者行为意图的准确识别。由于下肢外骨骼机器人的使用对象为截瘫、偏瘫等下肢功能损伤的患者，这类患者自身的运动与平衡能力较弱，因此人机之间的交互就显得尤为重要。同时，患者下肢运动功能的损伤的确也增加了人体运动意图信息采集的难度，虽然现阶段大部分外骨骼机器人已能实现一定的人机交互，但是人机交互的程度还有待提升。我们需要综合运用多种人机交互手段，实现更智能、更全面的人机交互，完成对人体运动意图的实时感知。这是外骨骼机器人面临的最大挑战之一。

（五）硬件能力受限、电池续航不足

外骨骼机器人具有支撑使用者行走、分散重负荷、增强肌肉力量等高消耗性功能，致使其续航能力相对较低，平均使用时间通常只能持续数小时，这限制了外骨骼机器人在商业化发展和市场规模扩大方面的潜力。由于外骨骼机器人以电池进行供电，使用者穿戴外骨骼机器人的移动范围受到电池容量的限制，影响了外骨骼机器人在康复训练或负重工作中的使用效率。如何提高电池单位体积容量以及外骨骼机器人的使用效率成为关键：（1）增加电池体积容量以提高续航能力，但需要注意避免尺寸和容量不成比例导致的电池重量增加，进而影响使用者的穿戴体验；（2）使用替代能源（如发动机或燃料电池等）以改善外骨骼机器人电源的配置；（3）改进外骨骼机器人的电动机及可动关节传动装置设计，减小其体积、减少重量及耗能，以提升电池续航能力。现阶段，外骨骼机器人所使用的电动机以及变速器等硬件多来源于工业机器人领域，其功效强但耗能大，不太适合应用于与人体直接接触的外骨骼机器人。因此，未来在硬件选择和设计上需要更加注重能效和人体适应性。

七、产品体验引发口碑多极分化

美国是一个资本逐利性的国度，当资本从炒作概念转向发展遇到瓶颈时，往往会毫不留情地选择退出，这无疑会影响相关产业的发展。以 ReWalk 为例，近年来财报一直处于亏损状态，发展没有达到预期，导致资本在外骨骼领域的投入逐渐减少，行业热度降低。除了迎合资本运作的因素，产品体系规划和产品体验工作的不足也是导致出现这一状况的重要原因。

相较之下，在中国，各个创业公司就康复医用外骨骼机器人的研究做得有声有色（如傅利叶、迈步、大艾、程天等）。就直观的感受而言，国内这几家外骨骼企业都有一个共性特点，即非常注重产品体验和患者口碑。傅利叶智能专注于专业的康复医疗设备体系，致力于传统康复设备的智能化升级，注重构建康复设备生态圈，打造数字全景融合运动体系和人形机器人，为机构用户提供全面康复解决方案。迈步机器人则重点立足于脑卒中的康复场景，在专业化的实践中作出了一种新的选择，让健侧带动患侧运动，为患者提供镜像训练等个性化服务。大艾机器人特别重视患者的穿戴舒适性体验，在居家康复领域开发出多款针对患者不同瘫痪程度和训练状态的设备，并在人机交互的支撑和绑带连接上下了很大功夫，在仿人步态上进行了大量的研究，使得产品的舒适性有了很大的提升。程天科技除了如上述几家企业构建产品体系和深耕服务场景，还在医患沟通的渠道上进行了很多尝试，通过设备的巨量投放和专业康复师的持续在院支持，建立了用户引流管理咨询服务体系，对新的服务体验模式进行了积极探索。

对国内多数后进的外骨骼机器人企业来说，产品的使用和服务体验至关重要，优质体验与服务能提升口碑和品牌力，而没有特色和体验不佳的企业则难以在激烈的市场竞争中立足。因此，这些企业应继续深化产品体系规划，提升产品体验，以赢得市场和消费者的认可。

第二节　市场发展建议

当今，外骨骼机器人技术迅猛发展，智能控制系统、传感技术、材料创新等方面不断进步，各类机器人产品纷纷涌现，广泛应用于康复医学、老年护理、运动康复等领域，外骨骼机器人企业在面临诸多挑战的同时，也将拥有更多的机遇，市场潜力越加显著。为此，提出以下市场发展建议。

一、提升产品质量

2023 年，外骨骼机器人行业回暖，在资本的加持下，外骨骼机器人的“跑马圈地”仍将持续，预计今后市场竞争将会更加残酷和激烈。外骨骼机器人行业产品品种多、批量小、附加值高，产品质量要求也较为严格。以头部企业傅利叶智能、大艾机器人、程天科技为例，在其多年的发展历程中，质量一直是企业发展迈不过去的坎。上述企业在各自发展历程中都经历过产品质量差、适配性差、频繁维修、频繁出问题等情况，有的企业甚至出现过大部分产品在使用中需要维修的情形，他们是在激烈的市场竞争中将产品质量水平提升上去的。外骨骼机器人行业仍在产品推广路上的企业有许多家，产品质量参差不齐、匆忙抢占市场的场景并不鲜见。这些产品质量问题会困扰用户，引起市场担忧，甚至严重阻碍外骨骼机器人行业的发展进步。笔者认为，提升产品质量是发展外骨骼机器人行业的核心任务，具体措施可分为两大部分。

（1）标准方面：应当组织行业头部企业制定行业生产标准，规范外骨骼机器人行业生产流程，形成行业基本技术标准，对科研用外骨骼机器人行业的研发、生产、销售等各个环节形成一套基础规范，为相关部门开展监督管理提供依据和参考。

（2）生产质量管理方面：外骨骼机器人生产企业应严格遵守行业生产规范，保证产品质量的稳定性。医疗器械主管部门应当对现有外骨骼机器人生产企业实施飞检，加强生产质量的把控，督促相关企业提升质量意识。

二、推动技术标准化，强化零部件研发和模块化生产

随着科技进步和市场的变化，一个型号产品的生命周期越来越短，批量产品的生产方式逐渐变得不能适应竞争。以汽车领域为例，基于“汽车平台”的研发思维打造多款车型通用产品平台，不同品牌、不同车辆的相同结构要素构成一个供应链体系。在这种思维下，

"模块化"生产方式成为可能，汽车技术创新的重心逐步转移到零部件方面，甚至零部件也超前发展，并参与汽车厂商的产品设计。

这一思维可以被当下外骨骼机器人领域借鉴，推动行业建立全球性的技术标准和认证体系，以确保不同制造商的产品能够相互兼容，并提高产品的质量和安全性。外骨骼机器人的性能在很大程度上取决于其核心零部件，如电机、传感器、控制器等。强化这些零部件的研发，可以显著提升外骨骼机器人的动力、精度和响应速度，从而提升整体性能。不同的外骨骼机器人设计的应用场景对零部件的需求各不相同，要强化零部件研发，根据具体需求进行定制化设计，更好地满足市场和用户的多样化需求。因此，有必要形成行业的质量体系和标准，引导相关企业将外骨骼机器人产品的研发分解为若干个独立的模块，每个模块都可以独立设计、生产和测试。鼓励相关企业使用模块化设计、通用化设计，降低生产成本，提高产品兼容性和互换性。这样不仅使得外骨骼机器人具有更好的灵活性和可扩展性，也能减少企业的维修和保养成本，使整个产业建立起标准化体系和优化供应链管理体系，显著提高整个行业的生产效率，缩短产品研发与上市时间。

以国内几家相关企业为例，新松机器人积极建设海外研发中心，形成以自主核心技术、核心零部件、核心产品及行业系统解决方案为一体的全产业价值链。傅利叶智能自主开发以软件为中心、搭载模块化硬件的外骨骼机器人生态系统 EXOPS，提供给全球范围内的医疗、康复机构，开发者可为其进行二次开发。

三、外骨骼机器人市场运营建议

（一）联合 B 端康复机构，触达 C 端人群

外骨骼机器人作为一种先进的辅助设备，不仅在助力行走、康

复训练等领域具有显著的应用价值，对个体居家康复人群来说更是如此。毕竟，康复机构的数量和规模是有限的，而家庭用户的数量是庞大的。因此，如何有效地将这一技术应用于实际场景中，并触达潜在的C端用户，一直是产业发展面临的重要课题。

前文提到，外骨骼机器人的核心优势包括提供训练个性化：依据患者的医疗历史、生理数据和康复需求，系统能够生成个性化的康复方案，根据不同患者的身高、体重等情况自动调节设备的穿戴，检测不同患者在康复训练过程中的特征参数，通过人工智能算法学习并自动优化参数等来自适应患者的个性化需求，调整外骨骼设备的参数和康复训练计划，增强康复效果；能够作为医生与患者的交流沟通平台，打造远程医学服务场景，作为一种载体构建数字化评估、远程智能康复策略支持；甚至能够在训练过程中将患者的信息和问题及时反馈给医院，标定风险，推动患者进步。

因此，从B端起到C端止，将会是一个完整的康复服务链条。外骨骼机器人企业应积极与康复机构建立联系，通过技术交流、产品试用等方式建立互信基础，进而达成合作协议。在康复机构的支持下，相关企业对外骨骼机器人进行临床应用和测试，收集用户反馈和数据，针对存在的问题进行改进和优化，进行精准的市场定位和推广。相关企业与康复机构、医疗机构等合作，共同举办推广活动，利用合作方的资源和渠道，扩大产品的知名度和影响力。

目前，国内不少头部企业都在联合B端推广C端服务。如程天科技提出“康复即服务”的理念，将外骨骼机器人投放至各级康复医院，通过租赁方式获取收益，且利用医院的获客和资源引流，推广C端销售和C端患者的租赁。傅利叶智能面向康复机构等B端客户提供医疗康复综合解决方案，实现了租赁和售卖模式并举。

（二）拓展康复技术应用场景

从功能角度来看，自外骨骼机器人用于康复方向以来，其功能从开始定位于辅助行走，到逐渐关注康复治疗，进而延展至细分疾病的康复模式研究，甚至触及疼痛缓解干预等方面，功能和产品的定义不断拓展，延展了应用场景。同时，外骨骼机器人依托硬件与软件的协调发展，重点升级传感器、人脑识别意图、材料轻量化等核心技术，更为不同患者提供了轻便、舒适的行走姿态和最佳的康复治疗方案。

笔者认为，在未来相当长的一段时间内，国内外骨骼机器人的推广应用重心应当是如何满足不同康复服务应用场景的需求，而非技术的不断开发。康复服务的场景很多，每种场景需要的技术服务细节点均有不同。

1. 伤残康复

主要针对因事故、疾病或先天条件导致的身体功能损伤。康复目标包括恢复或提高患者的日常生活能力、工作能力和社交能力。例如截肢后的假肢训练等，外骨骼机器人可以根据截肢后患者的步态训练需求，提供具有步态规划特点的模拟训练。

2. 疼痛康复

针对各种急性和慢性疼痛问题，如颈肩腰腿痛、关节炎、肌肉疼痛、神经性疼痛等。疼痛康复旨在通过物理疗法、药物治疗、心理干预和生活方式调整等多种手段来减轻疼痛，并改善患者的功能和生活质量。以退行性关节炎为例，患者需要的不是限制行走，而是如何在避免关节负重、避免运动中关节损伤并有一定限位条件下的步行，这方面也可以作为外骨骼机器人的拓展方向。

3. 神经康复

神经康复包括物理治疗、作业治疗、言语治疗以及心理和社会支持。主要关注神经系统疾病或损伤后的功能恢复，如脑卒中、脑外伤、脊髓损伤、帕金森病、多发性硬化症等。国内外骨骼机器人厂家在这方面都有细分研究，如浙江安杰莱科技的 LiteStepper® 单下肢偏瘫康复机器人就是一个创新尝试。这个产品于 2022 年获批，是国内首个获 NMPA 批准的单下肢康复机器人。LiteStepper® 单下肢偏瘫康复机器人的主要工作原理是通过采集患者健肢运动步态信息、判断患者的运动意图、分析并学习患者健肢步态特征，从而带动患者患肢进行与健肢相协调的康复训练，使患者得以完成双侧联合的运动后再学习行走过程。通过诱导主动康复，机器人高效地促进中枢神经系统功能重建，使患者逐步恢复其正常的神经肢体控制，实现个性化、系统化、精准化康复。

4. 骨科康复

针对骨折、关节置换、脊柱手术等骨科手术后的患者。骨科康复旨在加速伤口愈合，恢复关节功能和肌肉力量，减少并发症，并促进患者早日回归正常生活。对于骨伤患者，以股骨颈、股骨干骨折不愈合患者为例，骨伤侧下肢不能负重，但需要良好的行走支持与运动辅助，只要能够提供坐骨支撑，外骨骼机器人是完全可以满足该细分领域的康复需求的。

5. 老年康复

针对老年人常见的健康问题，如跌倒预防、骨质疏松管理、关节炎康复、平衡和协调能力训练等。主要目标是提高老年人的生活自理能力，预防或减少跌倒等意外事件，提升他们的整体健康水平。考虑到老年患者对于康复治疗的需求是一个较为漫长的过程，构建全方位、一体化的医疗解决方案的效果更佳。基于“9073”养老模式，国内不少相关企业开始将外骨骼机器人的使用场景延伸至社区、居家范围，提供康复治疗的整合方案。以程天科技为例，围绕居家养老侧需求，程天科技正在配置完整的外骨骼机器人产品矩阵，目前公司的产品包括床旁训练机器人、康复训练机器人、运动助行机器人、站立移动机器人等，并将康复体系下沉至社区和居家场景，进入老年人的家庭。

6. 儿科康复

主要针对发育迟缓、脑瘫、自闭症、脊柱侧弯等儿童健康问题。儿科康复通过游戏、训练和教育等方式，促进儿童的正常发育和功能提升。如大艾机器人的艾童产品，属于国际国内首创的儿科康复训练产品，针对儿童的脑瘫，提供了一整套训练模式，在行走中充分带动关节活动、肌肉运动，通过患儿行走重心的变化、正确的地面反作用刺激、科学的步态规划并配合患儿运动平衡能力、协调能力锻炼，真正加速患儿的康复。

7. 心肺康复

主要针对心脏病、肺病和其他心肺系统疾病患者。心肺康复包括运动训练、营养指导、心理咨询和药物治疗等，以改善患者的心肺功能和生活质量。

8. 烧伤康复

针对烧伤患者，包括伤口愈合管理、疤痕处理、功能恢复和心理支持等。烧伤康复旨在帮助患者恢复外观和功能，减少并发症，提高生活质量。烧伤患者需要长期可持续的训练，需要动态、静态可控的肌肉牵拉预防关节挛缩。以睿瀚邦沃手部康复机器人为例，可提供包括屈曲张开、分指、轮指等 20 多种精细动作于手部康复，并采用了独特的拇指驱动装置，是国内外首部能完成拇指环绕康复动作的手部康复机器人，能很好地对烧伤患者的手部功能进行康复训练。

（三）组团出海

得益于资本市场的天然优势和科研机构、高校资源的深厚积累，欧美、日本等国家的外骨骼机器人发展由来已久。但就规模化、产业化、制造能力和市场应用领域而言，目前国外外骨骼机器人产业与中国外骨骼机器人产业相比较，整体发展势头则相对进步缓慢。以 Rewalk 公司为例，其外骨骼机器人已在全球范围内的 180 余家康复中心、康复医院投放，累计帮助患者上万人次；Cyberdyne 公司进军北美、欧洲市场，将 HAL 外骨骼机器人出租给多家医院和疗养院使用。但是国外外骨骼机器人的平均定价普遍高达 10 万美元，甚至数十万美元，即便国外市场康复护理项目的福利体系较为完善，但对于需要接受外骨骼机器人治疗的患者来说，依然是一大笔支出。

2016 年，国内智慧健康解决方案提供商蝶和科技与瑞士智能康复机器人领军企业 Hocoma 合并，整合国际临床和技术资源，打造新型智能健康生态系统。蝶和科技还投资多家从事运动康复、机器人研发制造的海外企业，致力于形成康复机器人在全球范围内的研发和制造体系，占领技术高地。

2020 年 1 月，中国医疗科技研发生产和商业化平台美安医药宣布收购英国外骨骼机器人公司 Rex Bionics 的 100%股权、知识产权和全球资产。美安医药负责人表示，未来将充分利用中国和海外团队在外骨骼机器人研发、生产、运营等方面的优势，开启国内临床研究，以技术驱动降低成本，造福更多患者。

2022 年 1 月 26 日，傅利叶智能宣布完成 4 亿元 D 轮融资。此轮融资由软银愿景基金 2 期领投，沙特阿美旗下风险投资基金 Prosperity7 Ventures、元璟资本跟投。2023 年 9 月，国际风险投资公司 Pappas Capital 投资国内外骨骼机器人企业程天科技，在国内外康复市场推广其 RaaS（康复即服务）理念。

中国企业频频出海拓展全球市场，一方面，代表着在竞争激烈的国内市场，头部企业已经积累起自身的核心竞争力，包括供应链优势、成本控制能力、制造水平；另一方面，也印证着国内市场对于外骨骼机器人行业前景的乐观态度。

(四) 注重商业模式和市场竞争策略

自研+合作+并购，实现技术创新和丰富产品线，提升渠道的规模效应。产品技术创新是设备类公司提升竞争力最重要的因素之一，龙头企业自创立以来均持续开发新产品，填补市场空白或通过技术迭代保持行业领先性。在自研方面，注重医工结合，以临床价值为基础进行研发，提高康复的效率和效果。事实证明，紧贴患者、专业人士和最终用户的实际需求进行的应用临床研究和产品设备开发是最受市场欢迎的。

横向开拓科室和市场，延展行业天花板。面对单一科室设备需求，难免会遭遇市场饱和，国际龙头康复设备公司积极开拓邻近科室或者康复医疗不同阶段，逐步覆盖康复医疗全领域和全阶段，突破单一科室的需求限制，凭借强大的产品研发实力和渠道开拓能力不断进入新市场。如 DJO，从最初的骨科运动医学领域逐渐进入脊柱外科市场、足部踝部市场以及血管健康市场，扩大了事业版图。

成为全方位综合服务提供商，提供完整的康复医疗解决方案。除了研发、制造、销售设备，多家龙头康复设备企业还向终端机构销售完整的康复治疗解决方案，提供咨询、融资、营销、空间规划、培训和技术服务，帮助客户更好地开展业务，提升医疗水平和盈利水平，助力医疗机构赢得更多患者。

实行纵向一体化战略，改善盈利结构。由于行业高度分散，大部分市场参与者采用代工生产和经销模式销售，对于上下游均缺乏把控力。这种模式适用于市场开拓初期的设备企业，能迅速扩大产品和销售规模。但随着企业自身综合实力的增强，采用纵向一体化战略更利于精细化运营和管理，增强企业的自主可控能力，提升经营业绩和留存收益。

完善的营销、学术推广和培训体系，提升综合竞争力。临床医疗水平和设备技术进步相辅相成，康复医疗设备的开发与升级需要专业人士的指导和科学应用，部分设备需要通过临床试验证明其安全性、有效性。康复患者和医疗从业人员的教育需求持续存在，需要龙头企业持续发力教育市场，做好学术推广和体系培训，不但能提升品牌知名度，而且能提高终端机构和患者的满意度。

第三节 政策建议

需求是市场发展的原动力，外骨骼机器人作为典型的智能科技类康复辅助器具，其发展必须以市场为导向，并结合国家政策指引，壮大产业根基，主动优化供应链，形成产业创新势能，从而同步保持增长趋势和可持续发展能力。在政策配套上，也需要各级政府给予更大的支持。

外骨骼机器人作为科技的引领点，目前绝大部分与之相关的科研机构和研发生产企业集中分布于长三角、珠三角和京津冀区域。因此，应当围绕这三个地区，重点打造一批有针对性、专业度高的康复辅助器具产业园区和生产服务基地。

一、重点培育龙头企业

龙头企业作为产业集聚和集群发展的领跑者，在产业链发展中发挥着极强的方向性、示范性和导向性作用，它们能够带动自身产业和关联企业发展。以几个区域创新中心为核心，引进外骨骼机器人为代表的康复辅助器具领域具有核心竞争力的头部企业、爆发力强的高增长企业和重大产业化项目，对产业链上下游进行生态赋能，引导龙头企业主动延伸产品链和服务链。鼓励龙头企业在细分赛道深耕厚植，成为“专精特新”企业、“独角兽”企业，并支持龙头企业上市。

二、应当推动产学医融合和项目应用示范

以北京市为例，这里有着全国最多的科研院校，几十家三甲医院，也有亦庄经济技术开发区、生物医药基地等多个医疗聚集产业园区，如果能够创建医工产业结合的创新平台，畅通医疗机构和企业的交流渠道，构建充分体现知识、技术、数据等创新要素价值的收益分配机制，通过企业化、市场化运作，让医疗机构为优质智能康复辅助器具项目提供临床试验和应用资源，则可以为科技型创新康复辅助器具落地节省大量成本。同时可以牵头多家科研院校，鼓励不同的科研院校重点探索不同的细分技术研发方向，形成一所研发院校支持一类产业技术研发、一所院校构建一个集成创新示范基地的局面，避免科研院校的盲目、重复研发与投入。

在产学医的项目基础上，推进产品应用示范。鼓励医疗机构结合新基建，打造智能康复辅助器具综合应用示范院区、科室，建立外骨骼机器人、人形机器人、骨科和康复养老示范平台，支持临床应用价值高、创新性强的医疗机器人进入医保目录和采购目录，支持本市医疗机构牵头整合区域医疗资源，与康复辅助器具生产企业、科研院校合作创新，开展外骨骼机器人、智能康复辅助器具应用示范和上市后再评价，形成“应用示范—反馈改进—水平提升—辐射推广”的良性循环，加速产品临床应用与迭代升级。

三、改善康复辅助器具产业园区和人才集聚环境

康复辅助器具产业园区与其他工业产业园区的显著区别在于提

供伤残群体服务，除了基础的水电通信条件，康复辅助器具产业园区周边配套需要增加无障碍设施和特殊的交通出行环境，适合伤残患者住宿、就医、就餐的环境和政策，患者可体验辅助器具，享受适配的环境。

康复辅助器具行业目前特别缺乏核心研发和技术人才，吸引人才进入康复辅助器具行业并留住核心人才，需要为人才进入除障。在鼓励人才进入的同时，康复辅助器具行业需要建立配套的职称和研发人才评级体系，根据职业属性或者机构属性，设立工程师、医师、研究人员、服务人员、技术人员等关联的职称评级体系。对康复辅助器具行业的核心研发人员和核心职称人员，参考对康复辅助器具企业的增值税和营业税减免政策，可以从财税调节角度在一定期限内减免部分个人所得税，通过政策方式增加行业的光环和魅力，吸引更多人才投身伤残服务领域。

四、通过财税金融政策，促进智能康复辅助器具产业发展

税收政策、金融服务、财政资金引导、产业基金注入是常见的刺激产业发展手段。在国家财税政策中，对符合条件的高新技术企业有较大的财税支持。传统从事生产和装配伤残人员康复辅助器具的企业，也享有增值税和营业所得税税收减免优惠政策，而且政策优惠力度较大。但是，专门从事康复辅助器具高科技研发的企业，因条件的限制并不能享受上述优惠政策。笔者认为，对以外骨骼机器人为代表的服务伤残人群的康复辅助器具生产企业，更应当予以良好的税收政策照顾，应当针对服务残疾人的外骨骼机器人高科技辅助器具行业的生产企业，制定与传统服务伤残人辅具行业的企业同等的税收政策。

参考文献

[1] 赖卿，夏文磊. 促进产业集聚塑造康复辅具行业新格局［J］. 中国集体经济，2021（24）：92-94.

[2] 赖卿，李高峰，方新，等. ICF视野下康复辅助器具技术专业人才培养体系建设［J］. 中国康复理论与实践，2018，24（3）：367-372.

[3] 赖卿，欧阳青，屠其雷，等. 北京市东城区居家养老辅助器具使用调查［J］. 中国康复理论与实践，2019，25（2）：234-238.

[4] 熊宝林，赖卿，管思聪. 我国辅助器具租赁服务相关政策研究［J］. 中国康复理论与实践，2021，27（9）：1032-1037.

[5] 艾旺宪，赖卿，邓小倩，等. 康复辅助器具在工伤保险体系中的应用现状及探讨［J］. 按摩与康复医学，2017，8（5）：9-10.

[6] 中国康复辅助器具协会. 中国康复辅助器具产业发展蓝皮书2021［M］. 北京：中国社会出版社，2021.

[7] 孙浩洋，白玫. 外骨骼康复机器人使用安全风险因素研究综述［J］. 中国医疗设备，2023，38（5）：161-165.

[8] 王战斌，陈思婧，杨青，等. 下肢外骨骼机器人临床康复应用进展［J］. 中国康复医学杂志，2021，36（6）：761-765.

[9] 刘月娟，傅宏俊，李树锋，等. 基于纺织材料的柔性外骨骼机器人研究现状［J］. 毛纺科技，2022，50（11）：119-127.

[10] 林颖，何鹏，叶晶，等. 髋关节助力外骨骼机器人研究现状［J］. 中国康复医学杂志，2023，38（4）：571-575.

［11］常万鹏，张钟文，杨钰琳，等. 康复外骨骼机器人对脑卒中下肢运动功能障碍疗效的 Meta 分析［J］. 中国组织工程研究，2024，28（2）：321-328.

［12］周政，韩晓凤. 柔性外骨骼机器人在下肢康复训练中的应用研究进展［J］. 重庆医学，2023，52（15）：2368-2373.

［13］王艳，吴珊红，宫子涵. 下肢外骨骼机器人系统改善脑卒中患者步行功能研究进展［J］. 中国现代神经疾病杂志，2023，23（1）：22-28.

［14］王锋，李靖龙. 下肢外骨骼机器人在脊髓损伤中的应用研究进展［J］. 实用医学杂志，2022，38（23）：3012-3016.

［15］陈芳，黄俊豪，吴文杰，等. 下肢外骨骼机器人在脑卒中患者功能康复中应用进展［J］. 中国康复，2023，38（4）：243-247.

［16］刘瑞平，欧阳钧. 下肢外骨骼康复机器人的发展和应用［J］. 中山大学学报（医学科学版），2023，44（2）：354-360.

［17］喻行涛. 下肢外骨骼康复机器人机械设计结构研究［J］. 装备制造技术，2022（5）：166-169+199.

［18］李俊邑，赵毅阳，张豪，等. 助行外骨骼机器人研究现状及发展趋势［J］. 医疗卫生装备，2023，44（2）：96-106.

［19］张明路，钟道方，田颖，等. 穿戴式下肢外骨骼机器人研究现状［J］. 科学技术与工程，2021，21（19）：7856-7862.

［20］王开放，曹慧，邢蒙蒙，等. 康复外骨骼机器人在肢体康复中的应用进展［J］. 机械传动，2022，46（4）：10-21.

［21］孙溥茜. 迈宝智能：设计外骨骼产品兼顾评价体系搭建［J］. 机器人产业，2022（5）：67-70.

［22］曹武警，王大帅，何勇，等. 外骨骼机器人研发应用现状与挑战［J］. 人工智能，2022（3）：105-112.

［23］韩稷钰，王衍鸿，万大千. 下肢外骨骼康复机器人的研究进展及发展趋势［J］. 上海交通大学学报（医学版），2022，42（2）：241-246.

［24］何逸康，宋爱国，赖健伟，等. 基于镜像疗法的手部外骨骼机器人在脑卒中偏瘫手康复中的应用［J］. 中国康复医学杂志，2022，37（12）：1616-1621.

［25］陶璟，霍宇飞，于随然. 面向儿童的下肢康复外骨骼机器人研发进展［J］. 中国康复医学杂志，2021，36（11）：1445-1449.

［26］郑茂典. 大艾外骨骼机器人：科技发展助力残疾人保障事业不断进步［J］. 科技创新与品牌，2022（4）：58-60.

［27］尹悦悦. 外骨骼机器人技术国内专利态势分析［J］. 江苏科技信息，2021，38（26）：16-18+24.

［28］张立新，白定群，白玉龙，等. 下肢康复机器人临床应用专家共识［J］. 康复学报，2023，33（5）：383-396.

［29］卢明毅，吴冰洁，许建文，等. 步行训练在脊髓损伤致下肢运动功能障碍康复中的临床应用进展［J］. 中国临床新医学，2020，13（1）：99-102.

［30］魏小东，孟青云，喻洪流，等. 下肢外骨骼机器人研究进展［J］. 中国康复医学杂志，2019，34（4）：491-495.

［31］万大千，徐义明，白跃宏. 下肢外骨骼机器人的研究与进展［J］. 中国组织工程研究与临床康复，2011，15（52）：9855-9858.

［32］王海莲. 人体下肢运动意图的脑机多源感知方法研究［D］. 西安：西北工业大学，2018.

［33］李根生，侣国宁，徐飞. 下肢外骨骼机器人控制策略研究进展［J］. 中国康复医学杂志，2018，33（12）：1488-1494.

［34］周伟杰，韩亚丽，朱松青，等. 柔性外骨骼助力机器人发

展现状综述［J］. 南京工程学院学报（自然科学版），2019，17（1）：31-38.

［35］李静，朱凌云，苟向锋. 下肢外骨骼机器人及其关键技术研究［J］. 医疗卫生装备，2018，39（8）：95-100.

［36］范渊杰. 基于 sEMG 与交互力等多源信号融合的下肢外骨骼康复机器人及其临床实验研究［D］. 上海：上海交通大学，2014.

［37］岳敬伟. 脑机协调控制理论与关键技术研究［D］. 长沙：国防科学技术大学，2015.

［38］梓亮. 电液外骨骼机器人电源能量管理技术研究［D］. 杭州：浙江大学，2019.

［39］张向刚，秦开宇，石宇亮. 人体外骨骼服技术综述［J］. 计算机科学，2015，42（8）：1-6.

［40］ZEILIG G，WEINGARDEN H，ZWECKER M，et al. Safety and tolerance of the ReWalk™ exoskeleton suit for ambulation by people with complete spinal cord injury：A pilot study［J］. The journal of spinal cord medicine，2012，35（2）：96-101.

［41］CHANG S H，AFZAL T，TIRR SCI CLINICAL EXOSKELETON GROUP，et al. Exoskeleton-assisted gait training to improve gait in individuals with spinal cord injury：a pilot randomized study［J］. Pilot and feasibility studies，2018（4）：1-10.

［42］VUKOBRATOVIC M，CIRIC V，HRISTIC D. Contribution to the study of active exoskeletons［C］//Proceedings of the 5th international federation of automatic control congress. 1972：12-17.

［43］MAGGIO M G，NARO A，DE LUCA R，et al. Body representation in patients with severe spinal cord injury：a pilot study on the promising role of powered exoskeleton for gait training［J］. Journal of personalized medicine, 2022, 12 (4): 619.

[44] ZOSS A B, KAZEROONI H, CHU A. Biomechanical design of the Berkeley lower extremity exoskeleton (BLEEX) [J]. IEEE/ASME transactions on mechatronics, 2006, 11 (2): 128–138.

[45] KHAN A S, LIVINGSTONE D C, HURD C L, et al. Retraining walking over ground in a powered exoskeleton after spinal cord injury: a prospective cohort study to examine functional gains and neuroplasticity [J]. Journal of neuroengineering and rehabilitation, 2019 (16): 1–17.

[46] BAI S, ISLAM M R, POWER V, et al. User–centered development and performance assessment of a modular full–body exoskeleton (AXO - SUIT) [J]. Biomimetic intelligence and robotics, 2022, 2 (2): 100032.

[47] LAFFRANCHI M, D'ANGELLA S, VASSALLO C, et al. User-Centered design and development of the modular TWIN lower limb exoskeleton [J]. Frontiers in neurorobotics, 2021 (15): 709731.

[48] BOGUE R. Exoskeletons and robotic prosthetics: a review of recent developments [J]. Industrial robot: an international journal, 2009, 36 (5): 421–427.

[49] KAPELLER A, FELZMANN H, FOSCH–VILLARONGA E, et al. Implementing ethical, legal, and societal considerations in wearable robot design [J]. Applied sciences, 2021, 11 (15): 6705.

[50] MARTINEZ–HERNANDEZ U, METCALFE B, ASSAF T, et al. Wearable assistive robotics: a perspective on current challenges and future trends [J]. Sensors, 2021, 21 (20): 6751.

[51] HE Y, EGUREN D, LUU T P, et al. Risk management and regulations for lower limb medical exoskeletons: a review [J]. Medical

devices: evidence and research, 2017: 89-107.

[52] WOLPAW J R, BIRBAUMER N, MCFARLAND D J, et al. Brain-computer interfaces for communication and control [J]. Clinical neurophysiology, 2002, 113 (6): 767-791.

[53] DALY J J, WOLPAW J R. Brain-computer interfaces in neurological rehabilitation [J]. The lancet neurology, 2008, 7 (11): 1032-1043.

[54] MASSARDI S, BRIEM K, VENEMAN J F, et al. Re-defining wearable robots: a multidisciplinary approach towards a unified terminology [J]. Journal of neuroengineering and rehabilitation, 2023, 20 (1): 149.

[55] ANGELI C A, BOAKYE M, MORTON R A, et al. Recovery of over-ground walking after chronic motor complete spinal cord injury [J]. New England journal of medicine, 2018, 379 (13): 1244-1250.

[56] GILL M L, GRAHN P J, CALVERT J S, et al. Neuromodulation of lumbosacral spinal networks enables independent stepping after complete paraplegia [J]. Nature medicine, 2018, 24 (11): 1677-1682.

[57] GRAHN P J, LAVROV I A, SAYENKO D G, et al. Enabling task-specific volitional motor functions via spinal cord neuromodulation in a human with paraplegia [C] //Mayo Clinic Proceedings. Elsevier, 2017, 92 (4): 544-554.

[58] HARKEMA S, GERASIMENKO Y, HODES J, et al. Effect of epidural stimulation of the lumbosacral spinal cord on voluntary movement, standing, and assisted stepping after motor complete paraplegia: a case study [J]. The Lancet, 2011, 377 (9781): 1938-1947.

[59] WAGNER F B, MIGNARDOT J B, LE GOFF-MIGNARDOT C G, et al. Targeted neurotechnology restores walking in humans with spi-

nal cord injury [J]. Nature, 2018, 563 (7729): 65-71.

[60] ADAMI R, PAGANO J, COLOMBO M, et al. Reduction of movement in neurological diseases: effects on neural stem cells characteristics [J]. Frontiers in neuroscience, 2018 (12): 336.

[61] GAO Z, PANG Z, CHEN Y, et al. Restoring after central nervous system injuries: neural mechanisms and translational applications of motor recovery [J]. Neuroscience Bulletin, 2022, 38 (12): 1569-1587.

[62] LUO L, LI C, DU X, et al. Effect of aerobic exercise on BDNF/proBDNF expression in the ischemic hippocampus and depression recovery of rats after stroke [J]. Behavioural brain research, 2019 (362): 323-331.

[63] KIM S, MADINEI S, ALEMI M M, et al. Assessing the potential for "undesired" effects of passive back-support exoskeleton use during a simulated manual assembly task: muscle activity, posture, balance, discomfort, and usability [J]. Applied ergonomics, 2020 (89): 103194.

[64] BENSON I, HART K, TUSSLER D, et al. Lower-limb exoskeletons for individuals with chronic spinal cord injury: findings from a feasibility study [J]. Clinical rehabilitation, 2016, 30 (1): 73-84.

[65] YANG A, ASSELIN P, KNEZEVIC S, et al. Assessment of in-hospital walking velocity and level of assistance in a powered exoskeleton in persons with spinal cord injury [J]. Topics in spinal cord injury rehabilitation, 2015, 21 (2): 100-109.

[66] KELLEY C P, CHILDRESS J, NOSER E A. Management of skin-related adverse events during locomotor training with robotic-assisted body weight supported treadmill: a case report [J]. Physiotherapy theory and practice, 2013, 29 (4): 309-318.

[67] ESQUENAZI A, LEE S, WIKOFF A, et al. A comparison of locomotor therapy interventions: partial-body weight-supported treadmill, lokomat, and G-EO training in people with traumatic brain injury [J]. PM&R, 2017, 9 (9): 839-846.

[68] KELLEY C P, CHILDRESS J, BOAKE C, et al. Over-ground and robotic-assisted locomotor training in adults with chronic stroke: a blinded randomized clinical trial [J]. Disability and rehabilitation: assistive technology, 2013, 8 (2): 161-168.

[69] CHERNI Y, BALLAZ L, LEMAIRE J, et al. Effect of low dose robotic-gait training on walking capacity in children and adolescents with cerebral palsy [J]. Neurophysiologie clinique, 2020, 50 (6): 507-519.

[70] TEFERTILLER C, HAYS K, JONES J, et al. Initial outcomes from a multicenter study utilizing the indego powered exoskeleton in spinal cord injury [J]. Topics in spinal cord injury rehabilitation, 2018, 24 (1): 78-85.

[71] XIANG X N, DING M F, ZONG H Y, et al. The safety and feasibility of a new rehabilitation robotic exoskeleton for assisting individuals with lower extremity motor complete lesions following spinal cord injury (SCI): an observational study [J]. Spinal cord, 2020, 58 (7): 787-794.

[72] VAN KAMMEN K, BOONSTRA A M, VAN DER WOUDE L H V, et al. Lokomat guided gait in hemiparetic stroke patients: the effects of training parameters on muscle activity and temporal symmetry [J]. Disability and rehabilitation, 2020, 42 (21): 2977-2985.

[73] NIGHTINGALE T E, EGINYAN G, BALTHAZAAR S J T, et

al. Accidental boosting in an individual with tetraplegia – considerations for the interpretation of cardiopulmonary exercise testing [J]. The journal of spinal cord medicine, 2022, 45 (6): 969–974.

[74] MUSTAFAOGLU R, ERHAN B, YELDAN I, et al. Does robot–assisted gait training improve mobility, activities of daily living and quality of life in stroke? A single–blinded, randomized controlled trial [J]. Acta neurologica belgica, 2020, 120 (2): 335–344.

[75] ORTLIEB A, BOURI M, BAUD R, et al. An assistive lower limb exoskeleton for people with neurological gait disorders [C] //2017 International Conference on Rehabilitation Robotics (ICORR). IEEE, 2017: 441–446.

[76] BOOTH F W, ROBERTS C K, LAYE M J. Lack of exercise is a major cause of chronic diseases [J]. Comprehensive physiology, 2012, 2 (2): 1143.

[77] THOMPSON W R, SALLIS R, JOY E, et al. Exercise is medicine [J]. American journal of lifestyle medicine, 2020, 14 (5): 511–523.

[78] BAYLOR C, YORKSTON K M, JENSEN M P, et al. Scoping review of common secondary conditions after stroke and their associations with age and time post stroke [J]. Topics in stroke rehabilitation, 2014, 21 (5): 371–382.

[79] SEZER N, AKKUŞS, UĜURLU F G. Chronic complications of spinal cord injury [J]. World journal of orthopedics, 2015, 6 (1): 24.

[80] JENSEN M P, TRUITT A R, SCHOMER K G, et al. Frequency and age effects of secondary health conditions in individuals with spinal cord injury: a scoping review [J]. Spinal cord, 2013, 51 (12): 882–892.

[81] DALY R M, DALLA VIA J, DUCKHAM R L, et al. Exercise for the prevention of osteoporosis in postmenopausal women: an evidence-based guide to the optimal prescription [J]. Brazilian journal of physical therapy, 2019, 23 (2): 170-180.

[82] GREGSON C L, ARMSTRONG D J, BOWDEN J, et al. UK clinical guideline for the prevention and treatment of osteoporosis [J]. Archives of osteoporosis, 2022, 17 (1): 58.

[83] HUO W, MOHAMMED S, MORENO J C, et al. Lower limb wearable robots for assistance and rehabilitation: a state of the art [J]. IEEE systems journal, 2014, 10 (3): 1068-1081.

[84] ORBAN M, ELSAMANTY M, GUO K, et al. A review of brain activity and EEG-based brain-computer interfaces for rehabilitation application [J]. Bioengineering, 2022, 9 (12): 768.

[85] GILL M L, GRAHN P J, CALVERT J S, et al. Neuromodulation of lumbosacral spinal networks enables independent stepping after complete paraplegia [J]. Nature medicine, 2018, 24 (11): 1677-1682.

[86] 动脉网，蛋壳研究院. 2023 康复机器人行业报告 [EB/OL].(2023-05-28) [2024-03-16]. https://weibo.com/ttarticle/p/show? id=2309404906338735227228.

[87] 北京大艾机器人官网-专注外骨骼康复机器人 [EB/OL]. [2024-03-16]. https://www.ai-robotics.cn/.

[88] 傅利叶智能. ExoMotusTM 下肢康复机器人系列产品 [EB/OL].(2020-09-03)[2024-03-16]. https://www.fftai.cn/product/X2.php/.

[89] 刘旷. 外骨骼机器人混战：程天科技做“深”，傅利叶智

能做“广”［EB/OL］.（2023-10-12）［2024-03-25］. https：//baijiahao. baidu. com/s？ id=1779510113596947452&wfr=spider&for=pc.

［90］傅利叶智能. 傅利叶智能 GR-1 掀起通用人形机器人新浪潮［EB/OL］.（2023-07-06）［2024-03-16］. https：//mp. weixin. qq. com/s/FrsyrN1U5vYfigd7pInqLA.

［91］傅利叶智能. 傅利叶智能战略升级，领跑通用人形机器人新赛道［EB/OL］.（2023-07-12）［2024-03-25］. https：//mp. weixin. qq. com/s/zVkGy5c1QqWLobXG2M3A7g.

［92］国知局. 针对帕金森病患者的数字生物标志物智能分析反馈系统［EB/OL］.（2023-09-08）［2024-03-25］. https：//www. xjishu. com/zhuanli/05/202310973597. html.

［93］AgeClub 研究院. 12 个试点城市点燃万亿康复市场，上市公司 & 国际品牌抢占助行辅具新赛道［EB/OL］.（2020-08-19）［2024-03-25］. https：//mp. weixin. qq. com/s？ _ _ biz = MzI0NDQ4NzU0Mw = = &mid = 2247489886&idx = 1&sn = cb5df16681697788fefd2b18b080b68d&scene = 21#wechat_ redirect.

［94］牛排说智慧城市. 白皮书 | 人工智能医疗器械产业发展白皮书（2023 年）［EB/OL］.（2023-07-01）［2024-03-16］. https：//baijiahao. baidu. com/s？ id=1770170042301153121&wfr=spider&for=pc.

［95］何珊. 残疾人可网上申请康复训练［EB/OL］.（2022-07-02）［2024-03-25］. https：//bjrbdzb. bjd. com. cn/bjrb/mobile/2022/20220702/20220702_ 006/content_ 20220702_ 006_ 7. htm#page5？ digital：newspaperBjrb：AP62bf5a05e4b01c9fa7b23921.

［96］央视网. 北京市残疾人服务示范中心服务管理平台正式上线 可在线预约康复训练［EB/OL］.（2022-07-17）［2024-03-25］. https：//news. cctv. com/2022/07/17/ARTIActVeN3WuAOmykCePc8c

220717. shtml.

[97] 康复你知道. 重磅！建议扩大康复医保支付范围，优化康复医疗支付模式！[EB/OL]. (2024-03-07) [2024-03-25]. https://baijiahao.baidu.com/s?id=1792856486916007616&wfr=spider&for=pc.

[98] 中国网财经. 全国人大代表、中国太保战略研究中心主任周燕芳：建议优化康复医疗医保支付方式破解康复医疗服务"三高两低"局面 [EB/OL]. (2024-03-04) [2024-03-25]. https://finance.china.com.cn/news/special/2024lh/20240304/6087847.shtml.

[99] 凤凰财经. Rex Bionic 创始人：没有产品之前你得先了解、知道市场需求 [EB/OL]. (2015-05-30) [2024-03-25]. http://finance.ifeng.com/a/20150530/13743723_0.shtml.

[100] Food and Drug Administration. Ekso™ (version 1.1) and Ekso GT™ (version 1.2) Indications for Use [EB/OL]. (2016-04-01) [2024-03-25]. https://www.accessdata.fda.gov/cdrh_docs/pdf14/k143690.pdf.

[101] ISO. ISO 13482: 2014 Robots and robotic devices Safety requirements for personal care robots [EB/OL]. (2014-02) [2024-03-25]. https://www.iso.org/standard/53820.html.

[102] NOKOV 度量动作捕捉. 踝关节动力矫形器外骨骼开发 [EB/OL]. (2022-07-20) [2024-03-25]. https://mp.weixin.qq.com/s?__biz=MzI2NDA3NzY2Ng==&mid=2648238885&idx=1&sn=3c26582a6d6a609277e3fe7162ea3076&chksm=f29e6328c5e9ea3e973faeddfc190755cab2ca8d44b2fae82b8000aa9d86c26da492b04af76a&scene=27.

[103] 科技棒棒. 人工肌肉技术的新进展及未来，机器人继续进

化的新路径？［EB/OL］.（2023-08-10）［2024-03-25］. https：//baijiahao. baidu. com/s？id=1773838847693253096&wfr=spider&for=pc.

［104］傅利叶智能. 6 月 10 日，开启智能康复新纪“元”［EB/OL］.（2023-06-06）［2024-03-25］. https：//mp. weixin. qq. com/s/Z6hkNNnDwa8pwZrQCOraLg.

［105］司羿智能官网. 产品中心：羿生®手功能康复机器人（医用版）［EB/OL］.［2024-03-25］. https：//www. siyizn. com/zh-cn/product-info. html？id=10048.